U0932766

戒了吧，拖延症

写给年轻人的拖延心理学

·精装纪念版·

辰格　编著

天津出版传媒集团
天津人民出版社

图书在版编目（CIP）数据

戒了吧，拖延症：写给年轻人的拖延心理学：精装纪念版 / 辰格编著. -- 天津：天津人民出版社，2020.5

ISBN 978-7-201-15989-8

Ⅰ. ①戒… Ⅱ. ①辰… Ⅲ. ①成功心理—青年读物 Ⅳ. ①B848.4-49

中国版本图书馆CIP数据核字(2020)第083149号

戒了吧，拖延症：写给年轻人的拖延心理学（精装纪念版）

JIELEBA, TUOYANZHENG : XIEGEI NIANQINGREN DE TUOYAN XINLIXUE (JINGZHUANG JINIANBAN)

出　　版　天津人民出版社
出 版 人　刘　庆
地　　址　天津市和平区西康路35号康岳大厦
邮政编码　300051
邮购电话　（022）23332469
网　　址　http://www.tjrmcbs.com
电子邮箱　reader@tjrmbs.com

责任编辑　陈　烨
策划编辑　冀海波　辜香蓓
装帧设计　末末设计

制版印刷　三河市春园印刷有限公司
经　　销　新华书店
开　　本　880×1230毫米　1/32
印　　张　9.5
字　　数　180千字
版次印次　2020年5月第1版　2020年5月第1次印刷
定　　价　52.00元

前言

Preface

迪克牛仔这样唱道："有多少爱可以重来，有多少人愿意等待，当懂得珍惜以后归来，却不知那份爱会不会还在？"

爱，或许还有可能再回来，但时间却无法倒退，生命也无法重来。

读书时，你以为青春会永驻，岁月会很长，大把的时间可以用来挥霍，该学的东西没有学会，该看的书也没有翻开，等到毕业了，没有一技傍身，找不到工作时，才知道"书到用时方恨少"。

工作时，你以为时间还多，精力还够，将大把的时间用在刷微博、聊QQ、侃八卦，白天的事拖到晚上，晚上的事拖到明天，直到Deadline就在眼前，急得像热锅上的蚂蚁，敷衍了事交了差遭到一通狠批，才知道什么叫作"悲催"。

恋爱时，你以为山盟海誓永远不会变，答应了对方的事迟迟不做，别人好心的提醒总被你当成耳旁风，等到有一天，你突然想起要兑现你的承诺，别人却早已离你而去，这时，你才知道什么叫作"可惜你早已远去消失在人海"。

难受时，你以为自己年轻，身强体壮，灾啊病啊不会找上你，等到病得不行了才去医院，却发现很多事后悔已经来不及了，躺在病床上，才知道什么叫作"身体是革命的本钱"。

一次又一次的拖延，一次又一次的错过，与别人的差距就是这样拉开的。如果很多事你在第一时间就去做了，没有拖延，没有浪费时间，现在的你会在哪里？

再谈过去已经没有任何意义。从这一刻起，你应该明白：拖延是生命的窃贼，它会在不知不觉中盗走你的热情，偷走你的机会，碾碎你的梦想，扼杀你的爱情。原本可以十分绚烂的人生，却在拖延中变成一具丑陋的空壳。

为了唤醒那些沉睡的心，帮助更多人甩掉拖延的裹挟，我们精心策划了这本抗击惰性生活方式的作品。书中没有长篇大论的教条，它更像是由一个个生活片段构成的场景图。主人公胡小懒，不遥远也不陌生，就是生活中千千万万的普通人，像你、像我、像他。他饱受着拖延的煎熬，也在与拖延死死抗争。

从拖延症的行为模式到拖延的危害，再到拖延产生的深层次原因，在这本书里，我们循序渐进地解开了这些谜团。面对拖延顽疾，我们要如何对抗？书中针对每一种原因导致的拖延都给出了详细的战拖策略，力求因病施药。事实上，每一场战拖的战役，都是与另一个自己和解的过程。

这本书想告诉所有朋友：拖延症很可怕，它的可怕在于它无声无息地偷走了你的生命。但拖延症并非无药可救，我们可以借助自身的力量去与它抗衡。只要你愿意付之于行动，愿意从点点滴滴做起，那么在战拖这条路上，你就不会输！

最后，希望每一位读者都可以成功地战胜拖延，真正掌控属于自己的人生！

目录
Contents

第1章　Take care！拖延症在靠近

拖延症（Procrastination），意为“将之前的事情放置到明天”。它算不上什么正儿八经的病症，医院里也没有专门治疗它的科室，可它却无时无刻不在困扰着人们。很多时候，我们都是在不知不觉中，就掉进了拖延症的旋涡。如何诊断是否患了拖延症？那就看看你是否反复纠结在这样的行为模式中……

第2章　可怕的真相：拖延害你有多深

有句格言说："拖延等于死亡。"这不是危言耸听，拖延慢慢地消磨人的心智，慢慢地吞噬人的健康，让人煎熬度日，悔恨到老，这听起来真的比死亡更可怕。如果你还没意识到拖延症的负面威力，那你真的有必要知道一下可怕的"真相"了。

第3章　你为何会变成"拖拉斯基"

拖延症无处不在，形态各异，多少人深受其害，却找不到逃离的出口。俗话说得好："因病开方，对症下药。"你得先知道是谁把你变成了"拖拉斯基"，才能找到治愈的良方。现在，就来揪出那个"真凶"吧！

第4章　战拖，从抗击惰性开始

前面已经提到，拖延与懒惰狼狈为奸，要战胜拖延，就得先从心理和行动上克服懒惰。如果懒惰的情绪一直存在，那么人始终会处于一种空想的状态，做什么事都会觉得“懒得动”。没有行动、不想行动地耗时间，就是拖延。你，还要任由它继续发展下去吗？战拖，就从抗击惰性开始！

第5章　让完美主义见鬼去吧

完美主义者，看似是在追求最好的结果，实际上却只是让事情变得更糟。他们不仅无法体会到完美带来的喜悦，反而会深陷纠结的沼泽无法自拔，甚至还会拖累他人。毕竟，人所能承受的压力是有限的，当压力达到一定程度时，就会出现超限效应，而当超限效应遭遇了完美主义，拖延就是唯一的结果了。

第6章 跟借口说一声“bye-bye”

当有件事迟早需要做，而此刻的你又不想做这件事时，你可以找到上百种理由推迟它。可惜，不管这些理由听起来多么真实可信，都不过是借口。借口，往往会让拖延变得顺理成章；而拖延又为借口的诞生创造了条件。陷入这样的恶性循环中，就只能在拖延的旋涡里沉没。要打败拖延的恶习，就得先学会“没有任何借口”。

第7章 打造强大的执行力

三流的点子加一流的执行力，永远比一流的点子加三流的执行力更好。战胜拖延，最直接的做法就是立即行动。别把所有的想法都留在脑子里，别让所有的计划都变成纸上谈兵，别试图准备好一切再开始。要知道，谁都不知道明天会发生什么，但只有行动才能决定下一秒和你的未来。

第8章　有目标的人，才不拖延

如果生命是一场旅行，那么目标就是指引方向的灯塔。心中有了目标，就有了前行的方向，就有了行动的力量。习惯拖延的人，缺少的往往就是一个坚定的目标，所以才会迷迷糊糊，胡拼乱凑地生活。克服拖延顽疾，就要找寻到这股神奇的力量，让它指引着我们前行，把梦想变成现实，告别一事无成、浑浑噩噩的人生。

第9章　时间管理，终结拖延恶习

再聪明的人也玩不过时间。在时间面前偷懒，结果就是患上拖延症，弄得你焦头烂额；在时间面前耍赖，拖延症会变本加厉地折磨你，偷走你精彩的人生，留下混沌的噩梦。唯有学会管理时间，细化时间安排，在限定的时间内完成任务，才有可能远离拖延症的魔爪。

第10章　来吧！给自己来点正能量

在日复一日的生活中，也许有些模板已经形成，你对此感到倦怠，丧失了前进的动力。或许是因为梦想太遥远，现实耗费了你太多的精力，打消了你从前的积极性。可不管怎样，你要记住，在奋斗的路上，每个人都会感到疲惫，唯有那些充满激情的灵魂，才能走到终点。因为他们不会被疲惫打败，就算走在无人陪伴的路上，也会为自己鼓掌。

来点心理测试，看你有没有拖延症？

在开始本书之前，我们先来做一个有关拖延症的心理测试。你一定要如实作答，选“是”得1分，选“否”不得分，用笔记录下来，看看你是否患了拖延症，你的拖延症有多严重？

1.在工作中，总是选择最容易但最不重要的事情做，越重要的事拖得越久？是(1分) 否（0分）

2.每天上班时总忍不住在网上乱逛，临近下班才开始工作？是(1分) 否（0分）

3.从来没有为工作列过计划，也不懂时间管理？是(1分) 否（0分）

4.白天能做完的事，非要拖到晚上加班来做？是(1分) 否（0分）

5.很难立刻行动，总是把事情推迟到想去做的所谓“最佳时刻”才行动？(1分) 否（0分）

6.每次老板或同事问及工作进展时，总说“我再看看”？ 是(1分) 否（0分）

7.平日里很懒散，很多事都想着明天再做？是(1分) 否（0分）

8.要做事时脑子里突然冒出很多想法，然后就先去忙别的，稍后再开始？是(1分) 否(0分)

9.越计划越复杂，最后彻底绝望，干脆取消计划或无限期推迟计划？是(1分) 否(0分)

10.习惯等待，等到全部细节到位、确有把握的时候再去做？是(1分) 否(0分)

11.经常因为时间紧迫，草草交差，结果被同事和老板责怪？是(1分) 否(0分)

12.办公室里放着一堆零食，上班的时间经常吃东西？是(1分) 否(0分)

13.脸皮比较厚，任别人怎么催，也不慌不忙，习以为常？是(1分) 否(0分)

14.从来不会主动汇报自己的工作情况？是(1分) 否(0分)

15.团队合作时，自己总是被孤立，没人愿意与自己做搭档？是(1分) 否(0分)

测试结果分析：

0—4分：轻度拖延。一定要提高警惕，赶紧找到原因，把拖延症扼杀在摇篮里。

5—11分：中度拖延。拖延可能已经成为你的一种习惯，改变它需要点时间，也需要耐力。

12—15分：重度拖延。你要重新审视自我，做好职业定位，找一份自己感兴趣且与自己的能力和特长相符的工作，以帮助你减缓拖延的现象。

如果很不幸，你已经有了拖延的苗头，甚至已经“病入膏肓”了，那么这本书你一定要好好看看。它会让你知道，拖延症是一种不得不治的可怕顽疾，它会给你带来多少麻烦，它是怎么产生的，以及应该如何去对抗这个可恶的家伙。当然，它也会告诉你，如果没有拖延症，生活将是多么美好。

第1章

Take care！拖延症在靠近

拖延症（Procrastination），意为“将之前的事情放置到明天”。它算不上什么正儿八经的病症，医院里也没有专门治疗它的科室，可它却无时无刻不在困扰着人们。很多时候，我们都是在不知不觉中，就掉进了拖延症的旋涡。如何诊断是否患了拖延症？那就看看你是否反复纠结在这样的行为模式中……

“病态”的悠闲：还有明天

塞缪尔·约翰逊（Samuel Johnson）曾说：“我们一直推迟我们知道最终无法逃避的事情，这样的蠢行是一个普遍的人性弱点，它或多或少都盘踞在每个人的心灵之中。”

工作这件事儿，平时看它就像一条射线，只有开始没有结束，规律使然。可心烦时，怎么看它都觉得像夏日里的苍蝇，“嗡嗡嗡”地没完没了。胡小懒，此刻正坐在办公室里愁眉苦脸愣着神，咒骂着工作是“苍蝇”。

他刚刚煞费苦心地结束了一个项目方案，得到了老板跟客户的一致好评，本想再多“飘飘然”几天，可该死的新任务马上又从天而降了，顿时熄灭了他心里那点儿快乐的小火花。

“好烦啊！怎么没完没了？不能让我喘口气吗？”胡小懒牢骚满腹。

“做完了这个，肯定还有‘接班’的，反正不会有闲着的时候。”胡小懒在加强心理暗示。

“没人心疼我，我还心疼自己呢！半个月肯定能搞定，不用着急，先放松放松再说！”胡小懒做出了终极决定。

胡小懒觉得一周的时间够充裕了。毕竟，做创意方案这种事儿急不来，方案真正跃然纸上的时间，半天就足够了，关键是前期的苦思冥想，那才是黎明前最黑暗的时候。现在，最重要的是找灵感，可灵感是在放松的时候才更容易产生的！

胡小懒用各种名人的故事安慰着自己，给自己的放松找出充分的理由——牛顿在果园里发呆，无意间看到苹果落地，才发现了万有引力；伽利略在教堂里坐着，无意间看到吊灯像钟摆一样地晃动，用自己脉搏跳动的次数计算出了吊灯摆动的时间，制作出了“脉搏计”；瓦特无意间看到开水顶开了壶盖，想到了蒸汽的力量，发明了蒸汽机……哈，胡小懒更觉得放松是正确的选择，是爱自己的表现。

等到他为自己的拖延找足了借口，大半天时间过去了。胡小懒多希望自己不忙的时候，时间能走得慢一点儿，可这家伙铁面无私，毫不留情。

吃过午饭后，胡小懒觉得有点儿困，难得清闲，睡会儿吧！睁开惺忪的睡眼，已经1点半了。他决定先看看项目资料，消化一下，好让心里有个大概印象。对胡小懒来说，他最喜欢干的就是这样的活儿，不用太费脑子，悠闲地喝一杯绿茶，享受着阳光，实在太美好了！况且，这点活儿很快就干完了，根本用不了多长时间。想到这里，胡小懒的心顿时雀跃了，还有点久违的小激动。其实，喜欢拖延的人都这样：做事时不是先拣最重要的做，而是拣最容易的做，总把重要的事放到最后。

他想得挺好的，可计划赶不上变化。下午，部门临时决定开会，这一开竟然就是两个多小时！临近下班，胡小懒的资料也没看完。“算了，不是还有晚上吗？带回家得了！”胡小懒收拾好东西，带着资料，走出了公司大门。

晚上，在电视、电脑面前，胡小懒自以为强大的意志瞬间就崩塌了。一转眼就到了12点，资料只在临睡前翻了两页，他想：“不是还有明天吗？”结果，一沓资料被他抱在怀里，相拥而眠了。这一天，就这么稀里糊涂地匆匆过去了。熟睡的他可能并未察觉，有一个可怕的、难以摆脱的恶魔——拖延症，已经悄悄盯上了他。

有位哲人曾说过一句精辟的名言：“毁灭人类的方法非常简单，那就是告诉他们还有明天。因为告诉他们还有明天，他们就不会在今天努力了。”

歌手兼演员迪恩马丁在歌曲《明天》中敏感地捕捉到了“稍后思维”（later thinking）的精髓。在这首歌中，马丁唱到了一扇破损的窗户、一个滴水的龙头以及其他拖延的后果。他反复唱着一句歌词：“明天马上就到。”词作者非常了解这种经典的拖延思维效果：既然“将来做”总是更合适，于是“现在”就不着急做。

明天，是拖延者们给自己的心理安慰。他们习惯性地把今天要解决的事拖到明天，希望明天一切都会好转。如果说一件事不存在截止期限的话，那么拖延自然是再美好不过的事情，因为总会有明天。可大多数情况下，一件事总会有期限，这就跟牛奶、咖啡有保质期是一样的，你根本不敢也不愿意去错过这个期限，这一刻拖延了，下一刻你就得拼命地找补。

胡小懒也以为明天很美好，把看资料的事全部寄托在明天，可怜的他根本不知道——不珍惜今天的人，其实根本没有明天。

不漂亮的计划不执行

只有计划没有行动，有时会毁掉一个人。因为它让人错误地以为自己已经在行动了，还会让人觉得能够静心列出计划，就已经比很多人都更接近目标了。事实上，那不过是个幌子。

太阳从东方升起，又是新的一天了！胡小懒带着昨天没怎么看的资料奔向了公交站。他一本正经地把资料拿出来，细细地看着。周围人对他投以敬佩的目光——“哎哟，现在的年轻人真是不容易啊！”“他那么勤奋，工作肯定差不了。”其实，胡小懒根本没看进去什么东西，他只是在懊悔昨晚睡得太晚了，浪费了不少时间。

“我是不是该制订一个详细的计划，然后严格按计划执行？这样，既不至于太累，也能保证完成任务。”胡小懒琢磨着这件事。

没错，我要计划！今天，他没有上QQ、没有看豆瓣、没有刷微博，一副打了鸡血的样子，对着电脑屏幕看着日历，噼里啪啦地写着什么。老板路过的时候，看到他聚精会神的样子，满意地笑了笑。要说胡小懒就是运气好，昨天他那么悠闲的时候老板都没看见，今天只是做了个计划就让老板撞见了，真是有“才”。

计划表出来了，胡小懒颇有成就感，他把每天的工作都进行了细分，看起来像模像样。

计划列完了，该实施了吧？可是，今天的任务还真艰巨。他开始意识到之前自己有点放松过头了，今天的时间似乎不太够用，甚至还可能得加班……怎么办？

胡小懒的内心突然间充满焦虑。为了保证今天能完成任务，他中午匆匆吃了饭，没有休息，就坐到电脑前看资料。但是，他的心似乎有点儿不听话，总想着上QQ看看有没有人跟自己说话。

胡小懒在内心咒骂自己："你有点自制力行不行？你的计划白订了吗？你要全心投入工作！老板给你发薪水，不是让你在这里免费上网的！"

有句话是这样说的：越是抵抗，越是存在！胡小懒感觉自己的心真是很难管制。他开始担心这份计划能不能真的帮到自己？遥想当初，他也是制订过N个计划的。

我要每天背托福单词！高调的宣传，搞得周围的人以为这哥们儿要出国了呢！他倒真想出国，可那也只能是想想，属于小屌丝白日梦系列。不过，他很会安慰自己：机会总是留给有准备的人的，让蹩脚的英文突飞猛进一下，万一哪天一不小心混进了外企，又被派遣到国外公干……呵，想想就激动。他安排好每天背一页，可到了第10天却发现，就只背会了1页。于是，各种借口一拥而上，一起消灭了襁褓中的"计划"。

我要坚持晚上跑步，周末骑车。路线写得特清楚，时间也计划得很好，可某个周末骑了一个下午，回到家就累得散了架，一直睡到第二天中午，更甭说跑步的事了，走路腿肚子都转筋。完美的计划从墙上撕下扔进了垃圾篓。胡小懒就这点好，心大，做不到的事不往心里去，就当它没出现过。这是文词儿，用他老妈的话说：“胡小懒，你怎么没皮没脸啊？”

……

往事那是绝对不堪回首。人要活在当下！胡小懒是个嘴上励志的小青年。盯着眼前的计划书，他心中还是充满了希望：没问题的，我从现在开始认真看资料，一切都还来得及！没错儿，按照时间来讲，努努力还来得及，可前提是——您得严格按计划执行。

眼下新项目的资料还没看完，什么都别说了，要胜利先得埋头“苦读”！1个小时的工夫，50页的资料看完了一半。哎哟，胡小懒心里这个美，还暗暗称赞自己：“状态忒好了！要能一直这样坚持，升职加薪那都不叫事儿！”胡小懒此刻心里充满动力，可嘴巴却有点“馋”。小屌丝装小资，胡小懒称得上典型。泡杯咖啡解解馋吧。其实，胡小懒不怎么喜欢喝咖啡，可公司免费提供的，不喝的话他总觉得有点“亏”。于是，他端着超市赠送的杯子，假模假式地望着窗外，晒晒即将要下山的太阳，一副文艺青年的调调，满脑子想的却是“前两天那个谁说请我吃饭，还算不算数了？”

这一走神儿，半个小时过去了。时间已经是下午3点半，距离下班还有两个小时。

咖啡喝完了，继续看资料，这回他倒是挺自觉的。一口气看了十几页资料，胡小懒有点乏了。人就是这样，一鼓作气干点什么，效率还挺高，但凡中间停下了，就得重新打起精神。猛然间，他想起老妈的生日礼物还没订，这个理由足以说服他的自制力了。于是，他心安理得地打开淘宝，搜索中老年服饰……混到下班点，打卡，走人。

对于自制力差的人来说，做计划真不是一个好主意。就像胡小懒，能做出一个漂亮的计划却无法漂亮地执行。因为两者中间，隔着时间，他根本就无法精确掌握自己将来会有的那种“明天就是Deadline”的感受，没有立即执行计划的动力。

脑海中胜利时的情景总是令人激动，就像超级玛丽走到最后，升旗奏乐，烟花绽放。可天上不会掉馅饼，人家超级玛丽也是排除万难，吃着拿命换来的蘑菇，一点点变强大的。只有计划却没有行动的人，不过是一个伪理想主义者，只能眼睁睁地看着人家风光。

可怕！零碎的“小岔子”

上天给每个人的时间都是公平的，拖延的人到底拿这些时间都做了什么？

在微博上流传过这样一个段子：“如果你看到某作者、编辑或编剧一大早就开始在微博上乱转悠、刷屏，还逮啥转啥，哪有事儿哪儿就有他，嘴欠得要命，那就说明此人交稿子、交专栏、交本子、交版面的死限又要到了。”跟帖评论的人纷纷表示这句话戳进了自己的心坎：“没事儿干吗那么精准呀！”

毫无疑问，这句话也戳中了胡小懒的痛处。每天早上坐在电脑前，他都一副兴冲冲地准备干活的架势，把资料摊在办公桌上，打开空白一片的新建文档……不过，这并不意味着他马上就会开始干活。因为，还有一些问题他需要“优先处理”一下。

看新闻，注意他看的不是财经消息而是娱乐资讯。在这方面，他确实有点八卦。

看视频，他看的不是什么名家讲坛而是搞笑视频。恶搞电视剧配音，他也看得不亦乐乎。

刷微博，自己发点感触，看看评论，再四处乱逛乱看。他美其名曰“年轻人要多学习”。

……

等到这些重要的杂事都做完了，想要摒除一切杂念开始工作时，往往两三个小时过去了。

在这个美好的清晨，胡小懒将这个情节又演绎了一遍。当他准备翻看资料的一刹那，突然想起已有两天没上豆瓣了。于是，连忙登录上去，贴上图片，写两笔心情。再看看最近的同城活动，有没有感兴趣的免费讲座。胡小懒很抠门儿，花钱的讲座从来不去。

紧接着，他又想起好久没上人人网了，不知道老同学、新朋友们又有什么新动向，看看别人晒幸福、晒生活的照片，尤其是美女的照片。不过，每次看完他都不怎么开心，别人的照片不是幸福的一对，就是幸福的三口之家，要么干脆就是宝宝美图大放送。胡小懒年已二十八，还是个标准的单身汉。想到这里，他就觉得“悲哀”。

正悲哀着呢！QQ上有个头像闪了。哎哟，他赶紧瞧一眼。嘿，就是那么巧，曾经喜欢的姑娘，漂洋过海一两年，灰暗已久的头像一闪一闪的，像一只小鹿在胡小懒的心里横冲直撞。

怎么回事儿？她想起我了？胡小懒连忙跟人嘘寒问暖，一副殷勤又关心的样子。两人山南海北地聊着，时间嗖嗖地过去。他觉得还没聊多会儿，可办公室里的人就开始陆陆续续地进出了。呵，午饭时间竟然如约而至了！

胡小懒不舍得下线，任由肚子咕噜咕噜叫，噼里啪啦地打着字。桌子上丢着资料，不知情的同事还以为他在加班，与客户沟通。直到人家姑娘说“我这里都是深夜了，得去睡觉了”，胡小懒才跟人家道别。再看时间，12点多了。资料一点儿都没动呢！怎么办？还差十几页……算了，先吃饭吧！

说时迟那时快，胡小懒跑到楼下的餐厅，狼吞虎咽地吃起来。之后，又跑到楼上的咖啡厅，像个成功人士一样优雅地喝起了咖啡。其实，他心里不像表面看上去那么淡定，他有点后悔自己浪费了整整一个上午的时间。

下午，零零碎碎的“小岔子”还是没放过胡小懒。帮同事发了一个快递，给客户打了几通电话，QQ群里贫上两句，再看看那剩余的资料，时间也就过去了。本来计划着晚上进行一下分析，构思一下创意，可刚坐上公交车，就有人发“善心”给胡小懒打电话了。

“小懒，在哪儿呢？晚上出来喝点儿啊？”电话屏幕上显示的名字是阿斗。

“嘿，这小子真想着请客的事呢！不赖！”胡小懒心想，而后问道，“今天怎么有空了？”

“哥们儿这回彻底解放了！为自由庆祝一把！”阿斗潇洒地说，一副不在乎的样子。

他不在乎，胡小懒可在乎着呢！他听着有点紧张，但凡这哥们儿一失业，肯定没钱花，这回不会又是请我吃顿麦当劳，借走1000块钱吧？唉，天底下真是没有免费的午餐！可人家都说了……

“行，去哪儿啊？你说个地方。”胡小懒问道，装出一副爽快的样子。

“你们家门口那饺子馆……我马上就到了。”说完，阿斗就挂了电话。

“哼，就知道这小子比我还抠门儿！”胡小懒心里咒骂着。

一顿饺子吃到了晚上9点半。酒量不行的胡小懒，逞强喝了两瓶啤酒，回到家时感觉全身轻飘飘的。早上出门时，他还想着晚上回来得洗澡、洗衬衫，还有放了两天的臭袜子，可这会儿呢？全都忘得一干二净了。资料往桌上一扔，自己往床上一倒……再见咧，今天！

拖延症患者总是喜欢把最重要的事无限地往后拖，在上班时做一些无关紧要甚至是没有用的琐事。拖延思维，其实就是一种心理上开小差的方式，或者说是一种回避紧迫而重要的事情的方式。这种方式的具体内容不固定，涉及很多方面，但传达出的信息是一样的："我先看会儿网页，再开始工作"，或者"我先休息，休息好了再做"等，这往往就是正在拖延的信号。当你觉得疲倦、难以集中精力的时候，稍微休息会儿当然很好，如果你正打算睡觉，却发现只要跟其他人聊上几句马上就"满血复活"了，那么这个"休息会儿"的想法就变得很可疑了。

譬如胡小懒，如果没有刷微博，没有聊QQ，没有走神儿，没有在还能找补损失的时候跑出去喝酒、吃饭，也许他的创意已经出来了。可惜，人生没有那么多假如，错过的就是错过了，时不我待。

无能为力的自责

自责与内疚是拖延症的人必然要付出的代价之一，它就像一只牙齿尖利的小虫，在人心里不停地叮咬着，虽不是什么撕心裂肺的痛，却足以令人坐立不安，饱受煎熬。

“丁零零……”老式的闹铃像个正直的哨兵，坚守着自己的岗位。本来睡得不晚，可酒精的力量却比“502胶水”还强悍，胡小懒用两个手指扒着眼皮，勉强睁开眼睛，幸运地看见了新一天的太阳。每天醒来，他都在心里念叨：“这一宿，不知道有多少人死去。真好，我还活着，我得好好活着！”不得不承认，心态好的人，就是容易开心。

不过，胡小懒刚开心了一会儿，马上就不开心了。“完蛋了！还得洗澡换衣服呢！唉，早知道就不喝酒了，吃完了饭赶紧回家，也不至于这样……”他有点后悔了。

洗漱完毕后，胡小懒把臭烘烘的衣服、袜子扔在了浴室，等着老妈给收拾。厨房里做好的早饭，闻着挺香，就是没时间吃了，只好忍痛不吃。

一路颠簸到了公司，还没干活，就累得气喘吁吁的，好像刚跑了八百米一样。不是身累，是心累。按照计划，今天应该把资料看完并确定大致的思路了，可现在资料还没有看完呢！想到这儿，胡小懒脑袋“嗡”的一声。他真希望时间能倒回，让自己重新来过，他就能阻止拖延的发生——认真工作，少闲聊，少浪费点时间。果真如此的话，他就不会这么着急和心慌了。

但事情已经这样了，没有后悔药可买。到了这个节骨眼上，资料必须得看，脑子必须得转，没得商量。好在，看资料的时候也同时分析了一下，只是思路这东西，一时间真的想不出来。这项工作，截止目前，胡小懒除了看过资料以外，基本上等于什么也没做。他不由自主地想起了那首《童年》，还在脑子里小小地改编了一下：“总是要等到干不完活，才知道什么叫作傻眼……”

人不顺心，祸不单行。就在胡小懒心里着急又自责的时候，一个颇具穿透力的声音出现了——

“小胡，那个案子准备得怎么样了？今天给我一份初稿吧！我跟客户谈谈，听听他们的想法，别到时候都弄完了，他们又说不行，那就白耽误工夫了。”

“是他！真的是他！这到底是怎么回事啊？他不是周五不来吗？怎么今天跑到公司来了？还起了一个大早？完了完了，还说周五是‘福来day’呢！坑死我了。”胡小懒心跳急剧加速，脑门开始冒汗。即便这样，他还是故作轻松地应和着说：“行，没问题！下班之前我就给您发过去。”

老板会心地笑笑，留给胡小懒一个背影，还有一堆烦恼。胡小懒顾不上那么多，开始在网上找相关案例的创意作为参考，虽然脑子里的新创意还没出来，可毕竟做这行有几年的时间了，照猫画虎的经验还是有的，甭管成不成，总得交上去点东西才说得过去啊！

忙起来的时候，胡小懒真希望时间变成蜗牛。可一转眼，还是又到了饭点。有的同事出去吃饭了，有的是自己带饭，闻着一屋子的饭菜香，胡小懒的肚子也咕噜噜地直叫唤。他有点恨自己，暗暗骂道："这就是乐极生悲，活该！你还有时间吃饭吗？"这时，他俨然变成了一个超级工作狂，不言不语，废寝忘食，十分令人"敬佩"。不过话说回来，早知今日，何必当初呢？

胡小懒终于找到了一个满意的模板，开始了copy的工作。有了大致的框架，就该填充内容了，标题什么的总得像那么回事啊！让人一目了然知道你在讲什么。他翻着资料，拿笔画着勾勾圈圈，聚精会神。他心想："要是有台时光机就好了，把那些浪费了的时间都找补回来，就不至于这么狼狈了……"

越是这样想胡小懒就越自责。想起前些天老板表扬自己的时候，语重心长地说了一大堆话，什么"我看好你""好好干，绝对有前途"之类的，他内心十分纠结，还有那么点儿惭愧，觉得自己辜负了老板的厚望。

现在，说什么都晚了，不管自己有多内疚，有多难受，下班之前还是得把初步方案规规矩矩地交上去，因为工作不需要"解释"，能力高低全在结果。

无尽的挫败感与怀疑

易卜生曾说："如果你怀疑自己，那么你的立足点就不稳固了。"

临近下班时，胡小懒把整理好的方案传给了老板。他心里明白，这个方案根本体现不出他真正的实力，充其量就是一个普通得不能再普通的策划案，网络上一抓一大把。为了掩盖这一"缺陷"，他将版面设计得清晰、美观，心想："这样交上去，至少让老板觉得这策划案不是胡乱拼凑、着急忙慌赶出来的，而是用心做出来的，只是还不是终案，还有完善的余地。"这个念头闪过的时候，胡小懒其实是有点鄙视自己的，他觉得这完全就是自欺欺人。

果然，老板看过之后，觉得不太满意。他传给胡小懒一份文件，也是一份创意策划书，名为"一把雨伞撑起的天空——XX银行广告"，从故事构思到文字表述，再到广告语，全部以温暖的旋律为基调，很打动人。

"这到底是什么意思？"胡小懒心想，"老板发这个给我做什么？"

答案很快就揭晓了。老板打出一行字："你看一下，这是新来的实习策划做的。这个案子，他用了不到两天的时间，我觉得创意还是挺不错的。"

"真是长江后浪推前浪，前浪死在沙滩上。"胡小懒觉得，此刻的自己就有被人拍死在沙滩上的感觉。他感觉口干舌燥、内心烦乱，甚至有点压抑。如果说一开始他只是为自己的拖延感到自责，那么这一刻他已经开始怀疑自身的能力了，自信心受到了严重的打击。

心理学研究显示：单纯的做事拖拉或是懒得去做，只能定义为“拖延”，也仅是一种坏习惯，改正它并不难。如果“拖延”已经影响到了情绪，让人产生强烈的自责和负罪感，不断地自我否定、自我贬低，并伴生有焦虑症、抑郁症、强迫症等心理疾病，那么就是患了“拖延症”。

毫无疑问，胡小懒真的“中枪”了。因为拖延，他没能给老板一个漂亮的策划案，可新来的实习策划却做到了。更可气的是，老板竟然还拿着对方的案子在自己面前“显摆”，他是真的让自己欣赏，还是借此给自己来个“下马威”，胡小懒揣摩不透，他也不愿意再多猜，因为越猜越可怕。现在对他而言，更难以消解的是——“为什么新来的策划那么快就能做出策划案来，我却做不出来？他就用了不到两天的时间，我看资料都花了三四天的时间，是不是我的能力真的不如他？”

这块“心病”折磨了胡小懒很久。在后期修改和完善这个策划案的过程中，他觉得自己就像悬在半空中，很想把它做得漂亮，可又时不时会觉得无聊，甚至产生想要放弃的念头。最开始接到任务时的那点儿兴奋劲已经全部耗损掉了，很多细节他也懒得再打磨，因为他在跟时间赛跑。此时，他的焦点并不是如何把方案做得更完美，而是究竟能不能按时完成任务。

这次的任务就像是一次严峻的考验，最后的方案由老板出面反复与客户协商，才勉强被对方接纳，可想而知，这样的结果对于胡小懒来说，是多么大的一个“讽刺”——好歹，他也是名牌大学毕业，也在业内混了五六年，也做过上百个策划案，也算是个“有志青年”。

这段难挨的日子总算结束了，胡小懒真的有种劫后余生的感觉，他像畏惧瘟疫一样畏惧再次经历此般折磨。他暗暗发誓：下一次我一定早点开始做，绝不拖延了！

胡小懒并不知道，拖延如同蒲公英，你把它拔掉，以为它不会再长出来了，可实际上它的根埋得很深，很快它又会再次长出来。对于拖延，必须要承认它、理解它，才能够慢慢地削弱它、战胜它！

【解读】 拖延症有哪些类型?

“拖延”的英文是Procrastination，它源于拉丁语，由字根“向前”和“为明天”组合而成。不过，“拖延”绝不仅仅是推迟某件事这么简单，它是一种病态的、不良的习惯。人人都有可能染上拖延症，它对不同年龄、不同层次、不同领域的人都会产生同样的负面影响。尽管都是拖延，但拖延的模式有很多种。如果想要彻底与拖延症说拜拜，那就得先知道自己得的是哪种拖延症。

1. 工作型拖延

工作上的拖延每个人都有可能会遇到。比如，接到一项工作任务，做到一半就坚持不下去了，草草收场。原因可能是你在执行这项任务的时候感觉很难，认为它太耗损精力，而你又没有那么多的时间和精力去做，所以这项没有完成的任务就一直在你的电脑里存着。每次一看到它，你心里就会觉得很压抑。

2. 学习型拖延

学习型拖延比较复杂，它出现的时间和地点不固定，可能是在家里，也可能是在学校，或是在工作场所。比如，你想学习英语口语，买了一堆书，找了一堆资料，可真的要开始学了，却觉得很乏味，没了兴趣，总想着还有很多其他的事没做，以后再学吧！导致这种行为的原因不一，可能是你担心自己学不好，也可能是你下意识地逃避。

3. 瞎忙型拖延

很多人总抱怨没时间吃饭、没时间睡觉、没时间娱乐，只恨自己分身乏术。可实际上，他们忙了半天，也没忙出什么名堂。那些重要的、早该完成的事，不知道被抛到了哪里。这种人看起来比谁都忙，可实际上创造的价值并不比别人多。

4. 被动型拖延

想与每个人都融洽相处，不愿意得罪任何人，有时为了避免反对意见，在他人面前唯唯诺诺，放弃自己的观点和权利。这些做法，是被动型拖延症患者的一贯作风。比如，怕影响同事关系，给人留下不好的印象，明明自己的事情已经做不完了，却还要帮着别人。到最后，不是自己想拖延，却也被动地变成了拖延的人。

5. 侥幸型拖延

明知道某些习惯不好，某种行为可能会带来麻烦，却还是心存侥幸，认为倒霉的事不会那么巧偏偏发生在自己身上。最常见的例子就是，身体上有点小毛病，总觉得不会有什么大问题，于是就拖着不去医院，等到最后感觉难以忍受了才跑去看医生，却发现小病酿成了大病，后悔不已。

6.苛求型拖延

对很多事挑剔万分，总苛求达到最理想的状态，稍微有点瑕疵就忍受不了，全盘否定，卷土重来。结果，时间过去了一大半，事情才刚刚开个头。不得不说，这种拖延类型的人，完全是因为太较真、太追求完美了。努力做到最好无可厚非，但如果吹毛求疵，那就是跟自己过不去了。而且，这种类型的拖延症患者，不仅难以做好工作，在生活中也会不停地给自己设置障碍。

第2章

可怕的真相：拖延害你有多深

有句格言说："拖延等于死亡。"这不是危言耸听，拖延慢慢地消磨人的心智，慢慢地吞噬人的健康，让人煎熬度日，悔恨到老，这听起来真的比死亡更可怕。如果你还没意识到拖延症的负面威力，那你真的有必要知道一下可怕的"真相"了。

生命，是这样浪费的

风花雪月的大理，胡小懒心中的“人间天堂”。

读书的时候，他就跟室友们商议，到时候一定得来一场精彩的“毕业之旅”，纪念一下终将逝去的青春。结果，到了约定的时间，人家背着包出发了，胡小懒却找了个理由推脱了，至于那个理由，他现在都已经想不起来了。

几年之后，那些热爱旅行的室友们，已经把胡小懒心中的旅游胜地都领略得差不多了。只剩下胡小懒还在跟自己说：“等忙完了这段时间”“等我攒够了钱”“等我结婚的时候”……理由一抓一大把，不过除了他自己相信以外，没有人相信。在别人眼里，这家伙就是一个典型的“语言的巨人，行动的矮子”。的确，拖延时间是胡小懒唯一能做好的事，因为它是世界上最不费力的！

不过，很快他就意识到了，自己浪费掉了大把的时间和生命。

那天，天空飘着毛毛雨，无情的老天像是发了善心，在为谁哭泣似的。胡小懒在人人网上闲逛，看到某位老同学的主页时，脑袋顿时“嗡”的一声，毫不夸张地说，他确实被吓到了。

一个如花的美女，竟然得了尿毒症，躺在医院里做透析。当然，更触动胡小懒的还是她写的那篇日志——《有多少生命可以重来？》

“我很遗憾，还没有跟最爱的人一起去布达拉宫，过去我总说‘等到什么什么时候’，现在我想去了，我不想等了，可我的身体已经不允许了。”

“我很遗憾，还没有好好地陪伴父母，孝顺他们，却已经躺在了病床上，让他们带着心酸的眼泪来照顾我。早知道会这样，我一定会经常回家，不会把忙当成借口，推迟回家的日子。”

“我很遗憾，还没有实现事业上的理想，我总以为时间有的是，想做的事总会有机会去做。可现在，我拖着病痛的身躯，已经不可能再像从前那样精力充沛地去做事。我更后悔的是，在我精力充沛的时候，我浪费了大把大把的时间，去玩乐、去消遣、去逛街，却没有静下心来读一本好书，做一件靠近理想的事……”

胡小懒的心里很难受，虽说他跟那位美女只是普通同学，没什么特别的交情，可还是替这年轻的生命感到惋惜。悲伤之余，他又有点庆幸——“至少我还健康地活着，这真是莫大的幸福啊！”庆幸之后，他又开始悲伤——“她后悔遗憾的那些事，我也没有做，难道我也要等到躺在病床上或是垂垂老矣的时候，跟她一样祈祷着重新活一次吗？”

看别人的故事，思考自己的人生。胡小懒在这方面，做得的确不错。不管他身上有不少缺点，可还算懂得自省，不属于无药可救型。他又想起了自己的“大理天堂”，过去总说钱不够、时间不够，可赚多少钱才算多呢？自己周末睡懒觉、假日玩网游的时间，难道就不能去旅行了？

他突然觉得，自己是在为推迟行动找理由，想办法把自己的拖延无原则地合理化，却忽略了光阴有限的事实。美好的青春，还没等自己为它写好悼词呢，它就已经绝尘而去了，头也不回。

不过，你可别以为拖延症只是年轻人的专利，觉得年轻人缺乏自制力、不够淡定才会拖延。其实，拖延症这种病，真的是不分年龄、不分性别、不分国界，有人的地方就有它的存在。

胡小懒一直很敬仰某位教授，时常去看望他。老教授一直想写本传记，专门研究一个让人议论纷纷数十年的人物的轶事。这个主题很新颖也很吸引人。而且，他本人对此了解颇多，文笔又生动，如果能写出来的话，肯定大受欢迎，为他赢得很大的成就、名誉和财富。

不久前，胡小懒问及老教授那本书是不是快要写完了，老教授却告诉他，自己根本就没写。说这番话时，老教授还迟疑了一下，像是在考虑该怎么给后辈晚生解释。最后，他给出的理由跟胡小懒一样：太忙了，还有很多重要的事要做，没有时间。

他这么辩解，其实就是想把写书的计划埋进坟墓里。当时，胡小懒信以为真，他觉得老教授德才兼备，又是学校里的骨干，肯定是“真忙”。他其实不了解，老教授是觉得写书太累人，不想找麻烦，事情还没做就已经找好了失败的理由。

曾有人给拖延起了一个可怕的外号，叫“生命的窃贼”，其实这也不算冤枉它。拖延就是偷走时间、偷走生命的行为，让人虚度光阴，厌倦生活。如果有人幻想着用白日梦和从没按时履行过的计划表来实现梦想，那么死人也会跳出来为他鼓掌。

为了惩治这个“窃贼”，有一些天才创造了一些奇葩的办法。比如维克多·雨果，他写作的时候不穿衣服，让管家把他的衣服都藏起来。他疯了吗？那倒没有。只是这样一来，他在该写作的时候就只能乖乖地写作，不可能赤身裸体地出门。

对胡小懒和老教授来说，雨果的妙招自然是没法效仿的，对他们而言，只要能意识到拖延是“生命的窃贼”这个事实，就已经是一件幸运的事了。

拖延=一团糟

拖延的人心里都知道，拖拖拉拉并不是什么好事，每次在最后期限内把事情赶完时，都像是死里逃生。但这种劣质的快乐体验，被压迫出了所谓的“高效率”，又会让他们尝试着再玩一次冒险。只可惜，谁也无法保证拖延的人每次都能那么好运，能恰好在“Deadline”前把事情搞定。生活中有些事情，只要你晚了一步，那就可能栽个大跟头。

胡小懒“栽了”。他以为拖延的问题在工作中注意点就行了，可他没想到，拖延症竟然遍布生活的每个角落，防不胜防。上次是精神上的百般折磨，这次除了精神折磨还遭受了经济损失。原本就不富裕的他，信用卡无缘无故地被人给划走了3000块钱。

3000块钱是什么概念？简直就是胡小懒的半条命，他每个月辛辛苦苦才挣4500块钱，省吃俭用，一个月下来，也就能剩下2000块钱。摆明了，他这一个半月都白干了。痛苦、懊悔、失眠，合起伙儿来欺负胡小懒，一个大老爷们儿也不能痛哭流涕，只好逢人就抱怨抱怨，对那位撺掇他办卡的哥们儿，更是满心不满。

这事儿，怪得着人家吗？当初，人家在银行上班，鼓动他办了卡，说用不用都没关系。胡小懒一想，人家混口饭吃也不容易，就算帮个忙吧！去年，网络上报道说，他办卡的那家银行存在非法泄露信用卡客户资料的事，给他办卡的哥们儿好心打电话提醒胡小懒，让他赶紧修改一下个人信息，要是你平时不怎么用的话，就去注销了也行！胡小懒嘴上答应了，心里却没把它当回事儿，想着这么简单的事儿，几分钟就能搞定，不用着急。

要说这点事儿和绞尽脑汁想策划案比，显然是容易得多。可原本不难办的事，胡小懒就是拖着不办。几个月过去了，他倒是记得有这么一回事，可就是懒得去做，这一懒不要紧，丢了3000块钱！自己亲手酿造的“黄连水”，苦不堪言也得皱着眉头咽下去。

此事之后，胡小懒抱怨了很长时间——“我怎么这么倒霉？”其实，这跟运气根本就没什么关系，人家早就提醒过他，是他自己一直不当回事。说到底，还是拖延症害了他。因为当拖延成为一种常态时，不管做什么事，人都会下意识地拖延。

就拿晚上睡觉的事来说，胡小懒下过N次决心，要在11点之前睡觉。为了实现这个小目标，他也做过努力。10点钟就洗漱完毕躺在床上，等着周公的召唤。在等待的时候，他心里有个声音一直念叨：“时间还挺早的呢，不如刷刷微博、聊会儿微信吧！”

他顺手拔掉了正在充电的手机，开始了他的睡前消遣活动。结果，看看微博、聊几句微信、再玩会儿游戏，不知不觉就到了凌晨。他心里一阵子懊悔，告诉自己：“明天，明天我一定11点之前就睡觉。”天知道，到了第二天，他还是老样子。这样一天拖一天，几乎每天他都是凌晨才睡觉。偶尔，迷上个电视剧，能看到凌晨两三点。早晨到了公司，对着电脑就想吐，昏头涨脑。

拖延症其实是人的一种顽固的心理和行为习惯。什么叫作习惯？很简单，就是很难改变的行为模式，尤其是长期形成的坏习惯。虽然你可能意识到了它的危害性，也想改变，可又被这种习惯牢牢地支配，难以摆脱，一直在痛苦的沼泽中挣扎。就像心理学家派希尔说的那样：“习惯会变成无意识的大脑运作过程。如果长时间拖延，人们便会从根本上习惯性地保持这种状态。”

与此同时，拖延症还跟人的侥幸心理有关系。回忆一下，胡小懒不去修改信用卡的个人信息，不去注销信用卡，是不是也是因为存在侥幸心理呢？他觉得事情不可能那么巧降临在自己身上。恰恰是这个心理纵容了他的拖延。结果呢？麻烦和问题没有因为他的回避而消失，反而那小概率事件就发生在了他的身上，变成了百分之百。无奈，只得认了。

对于拖延的人来说，最糟糕的事莫过于拖延变成了如影随形的生活方式。想想看，从早上起床到晚上睡觉，从工作到生活，大部分的时间，大部分的事情都处于拖延状态中，该有多么可怕？长久下去，麻烦肯定是接二连三地到来，因为暂时的逃避和遗忘只能让你获得片刻的轻松，而真正的问题一直待在那里，从未被解决。

“压力山大”很黏人

“告诉我，告诉我，有什么事是做完了的？”

别误会，这句话不是胡小懒说的，而是拥有画家、哲学家、音乐家、发明家、地理学家、生物学家、建筑工程师等一大串头衔的文艺复兴巨匠达·芬奇说的，在恶疾缠身、行将过世之际，这是他痛心疾首、满怀悔恨时发出的疑问。

他离世的时候，留给世人一箩筐的手稿，记载着无数有头没尾的伟大构想，包括直升机、机器人、坦克、温度计等的设计。人们把他誉为近代生理解剖学始祖和天才，可惜他在世时没有就其研究发表过任何一部著作；人们把他誉为最具才华的画家，可他留下的作品却不超过20幅。他有太多想要实现的想法了，可它们被拖延了几年、几十年，甚至一辈子。

胡小懒没有达·芬奇的天分，可他却慷慨地与伟人共同承担着拖延的害处。

周末早上，胡小懒坐在客厅里愣神，蔫头耷脑的，一言不发，一副“不正常”的样子。老妈在屋子里进进出出地忙活着，扫地、拖地、擦桌子，嘴里哼着歌，俨然没把伤心的儿子放在眼里。

胡小懒嘟囔了一句：“妈，你怎么这么高兴啊？”

"我为什么不高兴啊？倒是你，像霜打的茄子。"看来，老妈也不是什么都没看出来。

"唉，没事儿，就是最近特别烦！"胡小懒跟老妈像朋友，从小到大经常谈心。

"去玩会儿游戏吧！每次叫你吃饭，你都不动窝儿，玩得那叫入神。"老妈在提议时也不忘批评一番，这就是她的高明之处。

"以前我还挺爱玩的，可昨天晚上玩了会儿，就觉得烦了，没什么意思。玩的时候，一直想着还有份策划没做出来，周一就得交了，心里特别着急。一着急吧，游戏就玩不好，总是输，然后就更心烦，整个人都不在状态。"胡小懒如实地说出了自己的心事。

"周一就要交了，那你怎么还在这里愣神？赶紧去做啊！"老妈比胡小懒还着急。

"我也知道时间紧，可就是动不起来。想起那份策划案，改来改去好几次了，不知道死了多少脑细胞，客户还是不满意。我脑子里的那点想法，都被榨干了，可他们又催着要，我现在就跟愚公差不多，背着一座山，快累死了。昨天我就挺烦的，可想着不是还有周末吗？也就没往心里去。可到了现在，我还是静不下心来，一直拖着没动，我心里都快着火了……我都想，干脆转行得了，做这么一份费脑子的活，早晚得变成痴呆。"胡小懒越说越泄气了。

其实，烦恼又泄气的人，何止胡小懒一个人呢？所有拖延的人都如是，桌子上贴满了各种招人烦的"Deadline"、各种两天以内必须要完成的任务。心里压力山大，手里却还在点着淘宝、微博，不拖延到最后一刻，不熬夜加班，就不算完。总觉得，到了那个份儿上，才能真正进入最佳状态，才能有高效率，才能置之死地而后生。

这也不难理解，人类的心理活动遵循一个规律：情绪需要一定程度的紧张，然后再予以释放，在一张一弛中，让人感受到释放紧张后的轻松感。不过，在现实生活中，未必有那么多让人紧张的事，只不过是人有意无意地给自己设置了一些紧张的情境，而拖延就成了追寻“释放感”的途径之一。这一旦成为习惯，就难以摆脱，甚至出现强迫症的倾向。

胡小懒也有过类似的经历。不需要加班的时候，他也不会早早睡觉，非要打开个文档，假模假式地在那里耗着。等到压力真正降临时，他又开始焦头烂额，一边抱怨压力大，一边辛苦地干活，但他却不知道这些压力都是自己造成的。

表面看起来，拖延的人像是拒绝压力，可实际上他们需要压力，需要借此给自己带来释放情绪的机会。

心理学家发现，尽管紧迫感可以带来一定的效率，但一件事拖到最后，会面临巨大的时间压力，在这种压力的逼迫下做事，会消耗更多的心理能量，让人充满忧虑、焦灼和内疚感。就算完成了任务，也会觉得筋疲力尽，而且慌慌张张地做事，很容易犯错。

相反，如果从一开始就有条不紊、从从容容地开展工作，心里会更加踏实，完成任务之后也会更有成就感，也更能增强自信心。不过，这样的感受，胡小懒似乎很少体验过。他所感受到的，不过是当“亚历山大帝”的烦恼和郁闷。

怪圈：拖延与颓废

“岁月，真是一把杀猪刀。”办公室里的女同事们经常用这句话悼念逝去的青春，胡小懒也经常把这句话挂在嘴边，不过他所悼念的是自己的“活力”。

遥想刚进入这家广告公司时，那可真是意气风发。胡小懒进入了自己喜欢的行业，他期待着在职场上大展拳脚，尽情地发挥自己的才能，感觉前途一片光明。当他看到自己设计的广告出现在各大报刊、媒体上时，他更是抑制不住内心的激动。当时，每接到一个新任务，他都全身心地投入，总是以最快的速度、最好的质量来“交差”。站在现在的角度回头看过去做的案子，确实有点“小儿科”，可那份激情、那份认真，是现在的他比不了的。

好哥们儿告诉他，在职场混久了，人都是会变的。虽说胡小懒从这番话里能得到一点点安慰，可他还是不太喜欢现在的自己。他总觉得现在的自己，真是“不堪一提”。

他真有这么差吗？看看他目前的真实状态就知道了。

- 对新生事物没什么兴趣，总觉得事不关己，就可以高高挂起。
- 不管什么事，总是要拖到最后才开始去做，一点自控力都没有。
- 无缘无故地烦躁、喜欢挑毛病，好几次被人说成“更年期综合征”。

- 但凡稍有麻烦的事情，都坚决持逃避态度，心想着“烫手的山芋接不得”。
- 被动地接受现状，很少主动研究存在的问题。
- 对很多事情都感觉无奈，从不主动地去想如何应对。
- 不知道自己想要什么，没有明确的目标，得过且过。
- 独处的时候打游戏、睡觉，长期不进行自我反省。
- 工作没有条理，也没有具体计划，就算有计划也不按计划执行。
- 心里缺少力量感，总觉得疲惫不堪。
- 说话的语速比以前慢，没了雷厉风行的气势。
- 煽情的能力明显减弱，心里像一潭死水。

上述这些都告诉胡小懒，他对工作、生活已经丧失了激情。没有激情的人，自然也就没了什么动力。遇到棘手的案子，胡小懒就想着退缩、辞职不干；就算是手到擒来的案子，做得也是马马虎虎，可能是因为心里有底，就更加不会全身心地投入了。他不再感觉工作是一种幸福，完全丧失了以往的热情。每天面对烦琐和头疼的事情，他感觉心情烦躁、心不在焉；看到公司新来的那些90后的同事，他更觉得自己“老了”，没了朝气，没了奋斗的力量。有时，他甚至想：要不然就这么耗下去吧，混到退休的年龄，有点零花钱就得了。

可是，他又有那么一点不甘心。自己不该是这样的呀？从前的自己很阳光，充满正能量，怎么越活越抽抽了？要说，生活的可怕之处就在于此，有的人安于现状，不自卑不敷衍，淡然地活着；有的人想去远方，想要热烈的生活，累得够呛却也轰轰烈烈。最尴尬的就是胡小懒这样的，活在另一种生活里——上不去，下不来，心里想改变，整个人却又像是被卡住了一般；不安心就这样混下去，但又没有魄力改变现状。

“病孩子”网站的首页有一句杜马的话：“我们由于聪明而变得狡猾，由于狡猾而缺乏勇气，由于缺乏勇气而猥琐。”胡小懒还没有沦落到猥琐的地步，他只是从一个脚踏实地的年轻人开始变得有些狡猾，因为这份狡猾又开始拖延，最后弄得自己失去了探索新生事物和改变一切的激情和勇气。

拖延症害人，这是绝对的真理。想想看，胡小懒一次次地拖延，一次次地体验着手忙脚乱、自我怀疑的感受，激情尽失。没有了激情，自然就不会有超凡的行动力，更不会高标准要求自己，如此一来他又会纵容自己拖延，于是就形成了一个难以逃脱的怪圈。

罪魁祸首是谁？当然是拖延。如果拖延的问题不解决，胡小懒这辈子都只能浑浑噩噩地度过了。

麻烦，只会越来越大

1963年，气象学家罗伦兹提出了著名的“蝴蝶效应”，其意为：南美洲亚马孙河流域热带雨林中的一只蝴蝶，偶尔扇动几下翅膀，就可能引发两周后美国德克萨斯的一场龙卷风。因为，蝴蝶扇动翅膀的时候，导致了周围的空气系统发生变化，产生了微弱的气流。这股微弱的气流又会引起四周空气或者其他系统的相应变化，这一系列的连锁反应，最终将导致其他系统出现极大的变化，酿成可怕的龙卷风。

这个效应胡小懒很早就听说过，包括根据此效应拍摄的《蝴蝶效应》系列电影，他也一部不落地欣赏了。看归看，他所领悟的除了学校课本里教的“失之毫厘，谬以千里”，还有自己悟出的“人生总会有遗憾，重来也不会改变”。可他怎么也没想到，“蝴蝶效应”不止于此，尤其是在不起眼的拖延问题上，也可能会掀起一场可怕的“风暴”。

那是公司安排的一次培训讲座，主题是——快速处理微小的意外事件。那位讲师是一家知名企业的培训顾问，模样长得精干，年龄也就35岁左右。胡小懒看着人家站在台上，一副受人尊敬的姿态，心里羡慕极了。他不知道，自己这辈子有没有机会也能这么出彩，哪怕一次也好啊！

培训课上，讲师提到，很多人在发现细微的问题时不怎么重视，总觉得可以拖一拖再解决。听到这番话，胡小懒和其他许多同事一样深有同感，感觉好像就是在说自己。接下来，那位顾问讲到了拖延的可怕性。

克里·乔尼是美国一个火车站的火车后厢的刹车员，人很机灵，总是笑呵呵的，乘客们都挺喜欢他。不过，他有一个缺点——讨厌加班。虽然领导和搭档们都知道他有这个毛病，可依然觉得他是一个不错的刹车员。

有天晚上，一场突然降临的暴风雪使得火车晚点。这就意味着，乔尼又得加班了。他和平时一样，嘴里不停地抱怨着："这个鬼天气，烦死人了！"一边说一边想着怎样能够逃掉夜间的加班。

祸不单行。就是因为这场暴风雪阻碍了一辆快速列车的运行，这辆快速列车不得不拐道，几分钟之后就要拐到乔尼所在的这条轨道上来。列车长接到通知后，赶紧命令乔尼拿着红灯到后车厢去。做了多年的刹车员，乔尼也知道这件事很重要，可他想到后车厢还有一名工程师和助理刹车员，也就没太在意。他笑着对列车长说："老兄，用不着太着急，后面有人守着呢！我拿件外套就过去。"列车长严肃地警示他："人命关天，一分钟也不能等。那列火车马上就要进站了！"

看着列车长焦急的样子，乔尼也故作严肃地说："我知道了！"听到这个答复之后，列车长就匆匆忙忙地向发动机房跑去了。

乔尼平日里习惯了用拖延来消磨时间，这一次也不例外。他觉得有同事在后车厢扛着呢，列车长走远后，他喝了几口酒，驱了驱寒气，吹着口哨慢悠悠地向后车厢走去。然而，等他快要靠近后车厢时，突然发现工程师和助理刹车员竟然都没有在里面。这时，他才想起来，半个小时前他们被列车长调到前面的车厢处理其他事情去了。

乔尼慌了神，快步地跑过去，可是，一切都太晚了。那列快速列车的车头在刹那间撞向了前面的火车，紧接着就是巨大的声响和受伤乘客的呼喊声。

事后，人们在一个谷仓中发现了乔尼，他一直自言自语："我本应该……"他疯了。

听完这个故事，所有人都沉默了，胡小懒也是。他从来没想过，一件细微的事竟然能和生命联系起来；他也从来没想过，拖延竟然是这么的可怕。他开始假设，如果我是一个医生；如果我是一个工程监理；如果我是一个药剂师……他有点不敢想了，他不知道按照自己过去的行为模式，会有什么样的结果。

他突然想起来一首民谣："丢了一个钉子，坏了一个蹄铁；坏了一个蹄铁，折了一匹战马；折了一匹战马，伤了一位将军；伤了一位将军，输了一场战斗；输了一场战斗，亡了一个国家。"

此时此刻，他清醒了许多，想起蝴蝶效应、想起电影、想起那位顾问说的故事，终于明白：谁也不可能回到最初改变"过去"来达到改变现在的愿望，唯一能做的就是把握住现在。

一场被fire的惨剧

好友阿斗被Fire（解雇）的那天晚上，曾经问过胡小懒一个问题——“如果老板在上班的第一时间，郑重地通知你，从今天开始你不再是公司里的策划主管，让你去客服部接听电话。老板没给出任何解释，你是服从安排，还是拂袖而去？”

当时胡小懒觉得，阿斗是受了刺激“神经错乱”了，他认为这样的事根本不可能发生。可阿斗却告诉他：“一切都可能发生！”

很快，他就明白了阿斗在说什么，也相信了阿斗的话。

公司的设计师Amanda，平日里工作一丝不苟，就算是细枝末节她都不放过。如果发现方案有丁点儿做得不好的地方，她马上就会全盘推倒，重新再做一份。虽然她做出来的东西是不错，可她这股子较劲的性格，也让她成了公司里的“超级名磨”。

前几天，公司接到了一个大单，老板开会的时候，一再强调要做好创意文案。胡小懒知道，这是在给自己安排任务。接着，他又要求Amanda所在的设计部全力配合做出一套完美的设计图。虽然Amanda很磨蹭，可她还算是有能力，老板想了想，还是决定让她接手最主要的任务，要求她把内容做得时尚前卫一点儿，并且特别强调，必须按时完成设计图。

Amanda没敢懈怠，一刻没停，开始苦思冥想，希望能拿出一个令人皆大欢喜的作品。可是，整整一个星期过去了，连胡小懒这么磨蹭的人都交了策划案，她还没想出让自己特别满意的切入角度。换句话说，她的设计图还是一张白纸。

眼看就要到“Deadline”了，老板每天在网上询问情况，偶尔还要跟她面谈。胡小懒亲眼看见，老板有好几次都是耐着性子，尽量不发火，可他的神态却明显露着一股子不耐烦甚至愤怒。

胡小懒有一颗怜香惜玉的心，看到Amanda沉默不语、闷头苦想的样子，突然觉得她有点可怜。可惜，心有余力不足，设计图的事他一窍不通，也帮不上什么忙。Amanda坐在电脑前，始终没有构图，胡小懒下班走的时候，她还在那里绞尽脑汁地想。

第二天早上，Amanda带着一脸倦怠和黑眼圈走进了办公室。胡小懒在QQ上悄悄地关心了她一下：“怎么样？工作有进展了吗？”Amanda说：“总算是找到了切入点，昨晚上一夜都没睡。只是，设计图的方案还是有点瑕疵，得继续修改。”胡小懒给她加了加油，心想：“人家一个女孩子，出门在外打拼，也不容易啊！”

就这么加班加点熬了三天，Amanda还是没能如期完成设计图。公司是第一次跟那家客户合作，因为没能如期交出设计图，公司损失了不少，信誉也受到了影响。一气之下，老板就让Amanda“卷铺盖”走人了。

职场上，拖延引发的最直接的后果就是耽误工作、影响情绪、破坏团队合作和人际关系。像Amanda这样的严重拖延症患者，自然只能被Fire，因为这是个讲求效率的时代，你比别人慢，就可能被落下；做同样的事，你比别人磨蹭，就意味着你创造的价值小。相比而言，哪个老板愿意用一个整天拖拖拉拉的人？

当然，作为老板，他除了担心你能创造多少价值外，他更害怕的是，患有拖延症的你，会不会把拖延传染给周围的人。若是那样的话，情况更糟糕。我们经常会看见这样的情形：办公室里有一两个爱抱怨的家伙，有事没事总喜欢嘟囔两句。领导让大家发挥想象力找到解决问题的最佳办法，别人都踊跃地想怎么办呢，他们却冒出几句泄气的话来，顿时让大家灰心沮丧，前功尽弃，坏心情很快就在他人的脸上表现出来了。这样一来，原本能解决的问题，又被搁置了。

看到今日Amanda的遭遇，胡小懒心里有点发毛，他有种不好的预感：如果自己再拖延，再有几次迟交任务，说不定下场比Amanda还惨！至少老板今天是把Amanda叫到办公室里谈辞职的，若自己哪天撞到老板枪口上，说不定老板会当众发飙，让他颜面扫地。

他默默在心里念叨："好好干吧，千万别拖延。"其实，他更想说："拖延也没用，是你的事早晚还得自己干，折磨半天也没折磨到别人，全是给自己找罪受。Amanda的前车之鉴活生生地在那摆着，我是得好自为之了。"

谁来“还我健康”

拖延，从来都不是解决问题的办法，只是一种暂时逃避的手段。不管拖到什么时候，事情都不会自动解决，任务也不可能自动完成，就像仓央嘉措的诗中写的那样：“你见或者不见，它就在那里，不离不弃。”对此，很多人都心知肚明，可知道是一回事，做到不拖不延又是另外一回事。

胡小懒过去一直以为，拖延只是不能按时完成任务，会让后期有点焦头烂额罢了。可最近他发现，事情远远不是这么简单。在豆瓣的“战拖小组”里，他看到一个资深豆友发的帖子，诉说自己如何深受其害。

那位网友名叫“吻别拖拉斯基”，是一名建筑设计师。她所在的行业，是一个典型的“男人圈”，女性很少。可身处这样的圈子里，她并没有得到什么特殊照顾，相反有时会比男人更累、更辛苦。她在豆瓣上写了一部悲催的血泪史。

“最近，身体状况越来越差，感觉已经到了崩溃的边缘。晚上躺在床上怎么都睡不着，急得头皮发麻；早上睁不开眼睛，不想起床。每天在单位里，头昏昏沉沉的，根本不能集中精力做事，上班的时候不想干活，总想着下班再找补回来，可下了班就更不想动弹了。”

“本来，周末计划着画一份设计图，从早晨起来就在电脑前琢磨着这件事，觉得肚子饿了，就先给自己做了一份早饭。吃饭的时候，脑子没法想事情，就顺手点开了网页，看看那些知名设计师的作品集，希望能找到点灵感。就在边吃早餐边在网上闲逛的时候，想起前些天朋友推荐的一部电影，据说里面的布景很别致，整体格调也不错，也许能够作为参考。于是，就找到那部电影看了起来，结果大失所望，剧情太老套了，但背景确实不错。我心不在焉地看着，脑子里乱乱的，像是两个孩子在打架。一个声音说：‘赶紧去干活吧，看这种垃圾电影有什么意义呀？’另一个声音说：‘看电影也是在为工作做准备，这并不是单纯的消遣，何况它的布景真的很好。’一个声音又说：‘你没见过比这更好的设计吗？完全就是借口。’另一个声音辩驳道：‘可是这个，真的很好，我想继续欣赏。’”

“其实，我何尝不知道，自己的工作没做完，在这里看电影太奢侈。可是，我从早上起来的时候就觉得头昏昏的，真的不敢给自己太大的压力，怕头疼得更厉害。就这样，我心不在焉地盯着屏幕，可看着看着，头还是像要爆炸一般，我只得乖乖地躺回床上。”

“躺了一会儿，我感觉头痛欲裂，且全身上下都十分不舒服。因为实在太难受，这一次，我没再拖，直接打车去了医院。医生看了我一眼就说我压力太大、作息不规律、身体功能紊乱，患了轻度抑郁。医生还说：‘一个不到30岁的姑娘，看起来一点精神都没有，满脸愁容，连走路都有气无力，根本不像这个年龄的人。’医生开了一些药给我，让我放松，别太紧张，早睡早起。”

“回到家后，看到桌子上的一堆文件，还有开着的电脑，想起那么多活要做，始终都不能静下心来。就这样，既不能安心干活，也不能好好休息，在拖延和自责中，我的身体越来越差，精神状态也很糟糕，有时候躺在床上，我都希望第二天不要到来，因为我不想面对。”

看完她的帖子，N多人回复，感叹自己也有类似的经历，有的人建议她暂时请假休息、调整一下状态。胡小懒也想说两句，可是想了半天，也不知道说什么好。告诉人家该怎么办吗？真是可笑，他自己还在拖延和自责中受折磨呢！只不过，他病得还没这么厉害，他也没想到，拖延能把一个好好的人给折磨成这样。

这样的事，并不意外，也不夸张。研究证实，当人的身体感觉压力大时，大脑会控制神经系统自动释放出来应激激素——肾上腺素和皮质醇。当身体的压力渐渐释放后，身体会恢复到平衡状态。如果压力过大，或者是持续时间太长，应激激素就会很快消失，不能起到保护身体的作用。压力会使人的血糖升高，影响睡眠，让身体自我修复能力受到影响，并且会破坏免疫系统。当这一系列问题都出现时，可想而知，一个健康的人会被折腾成什么样？

怪不得有人说拖延是慢性自杀呢！这个可怕的毒瘤，无时无刻不在破坏和消耗着人的精神和体力，如果任由它去，最后不是焦虑症、就是抑郁症，要么就是强迫症。这些结果，胡小懒一个也不想要。他下定决心，一定得跟拖延症死磕到底，消灭它！

【解读】 如何把拖延发生的概率降到最低?

网站上曾有人发起过一个活动：每天早上写下自己当日的工作计划，等到晚上的时候再跟帖说明一下完成的情况，看看自己是按时执行了，还是拖延了？参与这项活动的人很多，大多数人早上都信心满满地写下了要做的事，可到了晚上却都丧气地感慨："真烦啊！又没完成！"

看到这儿，很多并未参与这项活动的人表示，其实自己也跟他们差不多。虽然心里很想彻底摆脱拖延的毛病，可就是克服不了心理上的惯性，总感觉自己很难一口气完成某项任务。

对此，加拿大卡尔加里大学的教授皮埃·斯蒂尔用了十多年的时间，研究了上百种的拖延情况，最后得出一个结论：长期以来，人们对于拖延的解释——太忙了和太懒了，并不太正确。和普通人相比，患有拖延症的人更冲动、更古怪，令人捉摸不定，他们很少关注事情的细节，也不太尽职尽责。他们相信自己可以完成某项任务，并且很在乎自己是否真的能完成，这一点跟懒惰的人全然不同，懒惰的人根本不在意任务是否能完成。当然，拖延的人和懒惰的人也有共性，那就是他们都喜欢找一大堆天花乱坠的理由给自己开脱。

斯蒂尔教授对拖延进行深度研究后还发现，一个人是否拖延，以及成功戒掉拖延习惯的概率有多大，是可以计算的。对此，他提出了一个“拖延症计算公式”：

$$U = EV/ID$$

在这里，先给大家解释一下，公式中各个字母所代表的意思：

U：完成给定任务的愿望

E：对成功的期望

V：创造的价值

I：任务的紧迫性

D：主观拖延的程度

这个公式意味着，人往往会拖延那些无法立刻见到回报的事，而是会把精力全部放在能够直接产生效益的活动上。

举个最简单的例子：有人让你做一件事，可以选择两种回报方式——马上给你50元，或者是一年之后给你100元。多数人肯定会选择马上就拿到50元，因为这是立刻能看见的回报，至于一年之后的事，那谁也不敢说。

如果换种方式：有人让你做一件事，依然是两种回报方式——五年之后给你1000元，六年之后给你2000元，那么多数人又会选择2000元，因为都是无法立刻看见回报的事，无所谓再多等上一年。

言归正传，回到拖延公式的问题上来。斯蒂尔教授认为，这个公式不仅可以计算一个人成功克服拖拉习惯的概率，还能预测拖延什么时候会发生。通过分析分子分母的大小，然后据此调整行为模式，就可以帮助人们把拖延发生的概率降到最低。对广大拖延的人来说，这个公式的确是值得一试的好办法。

第3章

你为何会变成“拖拉斯基”

拖延症无处不在，形态各异，多少人深受其害，却找不到逃离的出口。俗话说得好：“因病开方，对症下药。”你得先知道是谁把你变成了“拖拉斯基”，才能找到治愈的良方。现在，就来揪出那个“真凶”吧！

诡异的“心理症结”

经历过拖延的折磨，见识了拖延的悲惨下场，这一次，胡小懒是下定决心要痛改前非了。

加入豆瓣的“战拖小组”后，他每天晚上都会在线看帖，深入了解这被万人所咒骂的“坑爹”的拖延症。他心里一直有个疑问：人为什么要拖延呢？这一看不要紧，那理由可真是千奇百怪，他深感自己孤陋寡闻。原来，每个人心里都藏着一些不为人知的小秘密。

1. 与规则抗衡

网友鱼豆是一家礼仪培训公司的经理，她说自己是个“自由派”，最讨厌被什么乱七八糟的规则束缚。读书的时候，如果老师布置的是开放式作业，任由自己发挥，她肯定做得特积极；如果是命题式作业，让围绕着某个点来做，她就觉得很压抑，每次都要延期提交，而且做的质量也不会太理想，有时候根本就是在打“擦边球”。结果呢？自然得不到高分，有时还会被当成反面典型。不过，她对此并不是特别在意，反倒觉得这是有个性的体现。

对此，有位资深心理学家分析说：规则让人感觉到拘束，所以大脑会产生想要冲破束缚的欲望。不过，有些人不太敢冒险，只是偶尔为之，不会太过火；有些人就不同，经常想与规则抗衡，就像鱼豆这样。于是，拖延就成了她抗拒规则的一种手段，打破了规则，她才能找到自我的存在感。

这个解释，胡小懒还真是头一次听说，他不得不佩服，网络上尽是一些无名的心理专家，而且还那么热心，来为他们这些可怜人进行“义诊”。

2.在权威面前找平衡

网友苏珊大妈也是一位“名磨”，她直接给出了自己拖延的理由：“我看不惯那难缠的女魔头（女上司），她整天挑三拣四的，一副做作的样子，恶心至极。每次我辛辛苦苦做出来的方案，大家都觉得不错，可她非要按照自己的想法修改一遍，在我的基础上画蛇添足，要么就改得面目全非，最后拿到大老板那里，说她付出了多少心血！姐就是不服气！现在的我学会了给她拖着，迟迟不交，看她急得像热锅上的蚂蚁我就特痛快，一下子找回了心理平衡。我就是想看看，她在大老板面前出丑的样子……唉，虽然有时我也会‘良心发现’，想改改这个毛病，可是好难啊！”

3.防止私人领地被入侵

要说林子大了什么鸟都有。除了工作上的这些拖延狂，还有更加奇葩的事呢！

Melissa，多么洋气的名字啊！外加一个小清新的头像，让人想入非非。可一看帖子，是一位年近四十的大姐，还是一位全职的家庭主妇。胡小懒想不明白，这年头怎么连全职主妇都患上拖延症了？太不可思议了！他更想不出，这位大姐有什么可拖延的？难道是耗着不做饭？这不太可能吧！

事情是这样：Melissa爱美，可偏偏脸上长了几颗恼人的雀斑，这些讨厌的家伙跟了她很多年，始终是她的一块心病。她尝试过N多化妆品，吃过很多服中药但都没见效。最后，她干脆“死马当活马医”，从网上买了一瓶点痣的药水。嘿，没想到这一试，还真有点用！虽然那些又黑又大的斑点没有彻底消失，可总算是变浅了，再涂点东西遮盖一下就不碍观瞻了。

遇到这么好的事，Melissa自然高兴。可让人心烦的是，有个邻居一直追问她是怎么弄的？说自己有个亲戚也有这问题。Melissa觉得，美容这件事，本来就属于隐私，而且还想让人感到意外，想听见人说：“哎哟，你现在的皮肤真好！”“你一点儿都不显老。”至于到底吃了什么灵丹妙药，用了什么独门绝技，那都是自己的秘密，谁都不愿轻易告诉别人。

这一回，不长眼的邻居算是又入侵了她的私人领地。因为在此之前，她竟然还向Melissa打听过她的家庭菜谱秘方。对于邻居的这些难以回答又不知道该如何拒绝的问题，Melissa只能选择拖延。

她告诉邻居，自己也记不清楚是什么品牌、哪儿产的了，得回去看看。结果呢？每次被问起，她都说：“最近太忙了，我都给忘了。”邻居只得说：“不着急，不着急。”最后，在Melissa拖了3个月之后，她的邻居终于放弃了，不再追问。Melissa坦言：“她不再来烦我，我真觉得舒服多了，要不然心里就跟塞了煤球一样。”

真是不看不知道，一看吓一跳。胡小懒自言自语：“人心真是复杂啊！拖延的心理基础一个比一个新鲜。”有时，他真是挺感谢网络这玩意儿的，能让他有机会见识这么多奇闻趣事。不过，他心里的疑问还没完全解开：自己的拖延症到底是怎么回事呢？

拖延与懒惰，狼狈为奸

有句话说：“人在可以懒的时候，不会不懒。”

此刻，这句话出现在了某个网页最醒目的位置，胡小懒的眼前一亮，像是发现了新大陆。他真的是佩服那些富有哲思的人，他们怎么能说出这么精辟的话呢！他甚至想跟说出此话的大师握个手，说上一句：“知己啊！”

若说其他事，胡小懒还是有些优点的，但提及懒惰这件事，他可谓是懒到家了，无人能及。来说说胡小懒平日里的“懒惰事迹”吧！

走进他的卧室，完全可以用四个字形容——惨不忍睹。衣服扔得乱七八糟，臭袜子床上一只、椅子上一只；有时早晨想刮刮胡子，翻箱倒柜地找剃须刀，最后，终于发现它在鞋柜里躺着……他都无奈了，这两个八竿子打不着的东西，怎么能跑到一块儿去？

有一次，家里来了亲戚，到他房间里转了一圈。胡小懒挠挠头，不好意思地傻笑着，赶紧把椅子上的衣服抱起来扔到床上，挪出了可怜巴巴的一小块地方让人家坐。人家没待一会儿，就出去了，估计是受不了了。那一刻，胡小懒真是恨不得找个地缝儿钻进去。他不由得开始敬佩起自己的老妈来，每次打扫卫生的时候她都念叨：“这得天天防戚，年年防贼。我要不收拾，谁知道哪天家里就来人了？弄得脏了吧唧的招人笑话，人家回去肯定得说：‘瞧这一家子人懒的！’”

过去，老妈还帮他收拾收拾房间，或是提醒他：“你洗洗衣服，扫扫地，擦擦电脑……不知道的，还以为你那屋子被抢劫了呢！”胡小懒当时也想：“嗯，是得收拾一下。”可是，这念头也就在脑子里存活了那么一两分钟，很快就有个声音说：“着什么急，回头再说吧！这屋子现在这么乱，也不知道从哪儿收拾……算了！”于是，收拾屋子的事，就无休止地被拖延了。

世人常说：夜路走多了，难免碰见鬼！当亲戚走进胡小懒卧室的那一刹那，他才彻底领悟了那句“早知今日，何必当初”的古语面对那种尴尬的境地，他发誓，以后再也不会这么懒了。可是，等亲戚走了之后，他就全然忘了这码子事，还找了个理由为自己开脱：“耽误了一天的工夫，得忙活点工作的事了。”多好的理由啊！然后，他心安理得地继续生活在那乱糟糟的窝里。

在家的他这么懒，公司里的他也没多勤快。每到值日那天，他一点儿都不自觉，照样睡懒觉，照样踩着点进公司，非要等到同事提醒他，才想起来该自己打扫卫生了。时间这么紧迫，他又那么懒，也就是糊弄一下做做样子罢了。对此，他还振振有词：“家里我都不收拾，还跑到这儿来献殷勤？”其实，很多时候他不是真的忘了，而是希望别人忘了，然后自己也顺着说：“哎呀，我都忘了……瞧我这记性。下回我补上！”

再看办公桌上那厚厚的一层土，什么都不用解释了。有阳光的时候，显示器屏幕上的灰尘都在偷笑：“这家伙，对咱们真好，遇见他总算是尘埃落定，不用再四处漂泊了！”

胡小懒知道自己懒，这不用谁告诉他，可他之前从没拿“懒”当回事，只觉得一个大老爷们儿“不讲究”是挺正常的事，若每天弄得干鞋净袜，桌子擦得能照见人，那是“伪娘”干的事。看看自己身边的那些哥们儿，也不比自己强到哪儿去，好歹自己偶尔还用手洗个袜子呢，有些人，袜子和内裤都直接交给了全自动洗衣机。

不过，现在的胡小懒是打算和拖延说拜拜的人了，他不想纵容自己继续跟那些更懒的人比。因为“战拖小组”里已经有人举出了大量的佐证：懒惰与拖延是狼狈为奸的搭档。所以，关于懒惰这个臭毛病，他不得不重视起来了。

心理学家乔治·哈里森说：“拖延是一种不能按照自己的本来意愿行事的精神状态，是缺乏意志力的表现。”尽管意志力和拖延看起来似乎没多大的关系，但拖延的确是人在惰性心理影响下导致行动力减弱而形成的一种陋习，让人一步步地耗下去，最后一事无成。

胡小懒的心里还存活着一些理想的小幼苗，他不愿自己到暮年时，拄着拐杖、一把鼻涕一把泪地说：“这辈子算是白活了！”至少现在的他还算年轻，还有改变的可能和机会。所以，从这一刻起，他已经瞄准了自己的第一个敌人——懒惰。

当然，拖延症很复杂，往往不是由某一方面的问题导致的，它有多种诱发因素，根据不同的环境、不同的心境、不同的事情，有选择性地“复发”。今天的拖延可能是因为懒，明天的拖延可能又是因为其他的问题。所以，这场仗还不能打得太着急，要等把敌人一个个全揪出来，再想办法逐一将其“干掉”！

万恶的完美主义

美国芝加哥德保尔大学心理系副教授拉里说：“某些拖延行为其实并不是拖延的人缺乏能力或努力不够，而是某种形式上的完美主义倾向或求全的观念使得他们不肯行动，导致了最后的拖延。他们总在说：‘多给我一点时间，我能做得更好。’”

这番话，不禁让胡小懒想起被公司炒了鱿鱼的Amanda。论能力，Amanda真的比新来的那位设计师强上好多倍，她的创意总是独特的，让人眼前一亮，超出意料；论职业素养，Amanda早出晚归，勤勤恳恳，这一点胡小懒远不及人家。有时他觉得，老天也忒无情了，那么卖力干活的一个好姑娘，竟然被炒了鱿鱼，而许多滥竽充数的家伙（包括自己），反倒留了下来。

当然，也不能全怪老天、全怪老板，仔细想想，Amanda确实有点让人“忍无可忍”。别的设计师三天就能出来的作品，她恨不得要用三个星期，虽说出来的东西是不赖，可这时间嗖嗖地过去了，老板他心疼啊！每个设计师月工资都开5000块钱，人家干了10个项目，您干了3个项目，这对同事有失公平，对老板也不公平。最让人头疼的是，往往任务交代下去了，到期后什么东西也拿不出来。老板可看不见Amanda苦思冥想、废寝忘食的样儿，他看见的是你又什么都没干，工资白发给你了。

以前，胡小懒以为Amanda是头脑短路，真的想不出方案来了。可现在，他似乎明白了，Amanda不是想不出方案来，只是因为她是个典型的完美主义者。不管大广告还是小广告，她都要追求完美，一点儿瑕疵都不能有。她对自己要求太高，总希望自己能把每个设计方案都做到最好，出来的作品能超过公司其他所有设计师的作品。就算任务十分紧急，她也要深思熟虑，绝不会接到任务后就匆匆忙忙地开始设计。在设计过程中，各种小细节她都要处理得尽善尽美，否则，她的作品绝对不会“出炉”。就这样，眼看Deadline就要到了，她根本不可能按时完成任务，这时的她要么沮丧、要么狂躁。

胡小懒不一样，他对自己的要求没那么高，时间紧了就好歹先做个东西糊弄一下，你说不行，我再改。这要换成Amanda，交上去的东西被退回来，她觉得比死还难受。所以，她宁肯多费一些时间，也必须一次做好。而结果呢，大家都已经知道了，不用我再说了。

对此，有心理学家分析说：完美主义者特别在意别人的评价和反应，强烈地期望社会的认同，强烈地抵触消极的评价。为了不遭人非议，他们会对自己十分苛刻，要求自己必须把每件事情都做得漂亮、无可挑剔。所以，他们的压力也比常人更大。背负着重压来做事，内心肯定像是热锅上的蚂蚁，焦急难受。为了缓解这种压力，他们就可能会选择逃避，其表现就是拖延。

完美主义者拖延的时候，他们身边那些“正常的人”却表现得极为从容，人家或许只追求八分美，自己觉得基本满意就OK了。而后，完美主义者眼睁睁地看着别人潇洒完工、吃喝玩乐、享受生活，可自己距离目标还十分遥远的时候，心里就会感到烦躁，这种状态持续得越久，力不从心的感觉就会越强，渐渐地，整个人就会陷入绝望中。

胡小懒从未想过自己会跟完美主义有什么瓜葛。可是，接下来他又傻眼了。网上有篇名为《大龄青年择偶要扔掉完美主义》的帖子，里面提到：30岁的单身女性找不到对象的普遍原因是：她们大都有了较为满意的事业和物质基础，也曾经历过轰轰烈烈的爱情，但因为性格、价值观、事业认同上的原因，最终却没能开花结果。因此，她们觉得，爱情不可把握，努力工作却能带来成就感。与其花大量的时间经营一份无望的爱情，还不如安心地“嫁给”事业。

胡小懒是个纯爷们儿，他不太了解女人的心思，因此，也不知道说得对不对。对帖子里提到的单身男性找不到对象的原因，诸如“为了学业和事业，没时间谈恋爱”“现在没什么物质基础，没有做好充分的准备”等却感同身受，胡小懒一拍大腿：“这不就是说我吗？”顿时，他觉得自己挺可怜的，心想：“我容易吗？我也不想单身，可我买不起房子，买不起车子，做了几年的策划也没搞出什么名堂来，谁愿意嫁给我啊？”

幸好，发帖的好心人用《圣经》里的话，结合自己的感悟，给了胡小懒这类人一点安慰。

只要你寻找，我就指引；你叩门，我就给你开门。爱情也是这样，只要你寻找，就一定有答案；只要你叩门，幸福就会到来。怕的是，你在寻找幸福的路上，因为自卑、完美主义、绝对糟糕的心态，自己打了退堂鼓，半途而废。

在追求爱情的路上，你必须忘了这样那样的托词。告诉自己：我是可爱的，我是渴望找到幸福的，相信自己要找的那个人一定存在。你可以把理想中的他（她）的模样画出来，写下最让你倾心的那些品质，克服完美主义心理，对一些不重要的东西不深究。然后，多参加社交活动，克服等待和拖延，保持主动，爱情之门就会为你打开。

说得多好啊！胡小懒也希望这是真的。回想过去相亲的经历，自己好像还真是有那么一点吹毛求疵。人家姑娘戴个眼镜，自己就不乐意了，生怕影响下一代；人家姑娘头发短了，又觉得不够温柔；人家学历高了，又怕自己遭嫌弃，找不到共同语言……挑着挑着，就奔三了。

胡小懒叹了一口气，暗暗想："要说工作一事无成也就罢了，要是因为挑三拣四，一辈子找不到对象，孤独终老，那可忒'坑爹'了……"

不去承担失败的恶果

很多时候，人都有一种奇怪的心理：宁肯被他人认为是没有下足够的气力，也不愿意被人说成没有足够的能力。

周末一大早，胡小懒睡得正香，一阵刺耳的电话铃声响起。迷迷糊糊中，只听见老妈在那念叨：“这孩子怎么回事呀？病得很严重吗？你别着急，我们今天过去看看……”

下午，老妈开车带着胡小懒去了姨妈家。姨妈急得像热锅上的蚂蚁，嘴巴像机关枪一样“嗒嗒嗒”地说：“不知道谁惹着她了，整天发脾气，要么就嚷嚷这疼那疼。给我吓得够呛，带她去医院检查，什么毛病也没有，医生说可能是精神压力太大，让她放松一点。”

“唉，孩子也不容易。去年为了考雅思，瘦了十多斤，皮包骨似的。结果，分数还不够，她也挺难受的。今年马上又该考了，她心里该有多大的压力啊！”老妈倒是谁也不得罪，给姨妈宽心，又帮表妹说情。

“可她好些天都没去新东方上课了，落下了不少课。她非得说自己身体不好，不能拿命开玩笑，现在最要紧的就是休养，等身体好了再想其他的事。”姨妈气急败坏地说，“我告诉她，你要是不打算考雅思、不打算去留学了，那也好办。干脆把书本全都扔一边去，投简历找工作，我还省心了呢！也用不着给你花那么多学费。不过你也想好了，选择了就没有后悔的余地了。”

胡小懒问：“她今天不是去上课了吗？”

“是呀，她一听说让她出去找工作，听说没后悔的余地了，也就老实了。虽然满脸不高兴，还是先上课去了，准备拼了她那条小命再考一次雅思。”说这番话的时候，姨妈的脸上开始阴转晴。

胡小懒没多说什么，可对于表妹的那点心思，他也能猜出个大概。想当年自己在高考之前，也幻想着生一场重病，或者是有什么意外情况出现，这样的话，就算自己考不好，也可以心安理得地给自己找到开脱的理由——因为身体不舒服，因为情绪不稳定。这种自我设置的障碍，在拖延过程中起到了关键性的作用。按照推理，若真发生那样的事，他就可以名正言顺地不学习，结果肯定是高考失利。可就算失利了，别人也不会怪他，反倒会同情他，认为都是外界因素的影响，而自己就能逃避责难，不用为失败负责，从而在心理上得到点自欺欺人的安慰。

这些话，他没敢跟姨妈说，怕她们会说“现在的孩子怎么这样啊？没有担当、没有责任心、不求上进”诸如此类的话，这种话他听得太多了。这事他只能私底下跟表妹聊聊，还得是在网上聊，给人家留点自尊，旁敲侧击地提醒一下就行了。

他默默感慨道：“这年头，有拖延症的人还真不少。想想过去的自己，再想想表妹，无非都是害怕失败。至于表妹，她可能比自己更害怕，因为去年考雅思已经失败过一次了，这回要是再失败，真是不知道该怎么面对了？明眼人都看得出来，姨妈那架势，就是指望着闺女替自己完成留学梦呢！她省吃俭用，早早地就给表妹存足了留学的钱，要是表妹再考不上，估计姨妈非得气疯不可。在父母的期望、自己的焦虑这双重压力的摧残下，可怜的表妹定是招架不住了。所以，她就干脆拖延着，不再做任何努力。”

当然，这些因果逻辑不是胡小懒创造的，而是他苦心学习“战拖”之后总结出来的。

1983年，美国加利福尼亚州的两位临床心理学家简·博克和莱诺拉·尤思博士研究后得出结论：害怕失败是拖延的原因之一。时隔二十几年之后，也就是2007年，结合过去多年对拖延症的研究，卡尔加里大学的皮尔斯·斯蒂尔博士又发现：害怕失败跟拖延有一定的关联，害怕失败会让一些人拖延，不想行动；同时，也会让一些人积极采取行动，不拖延。

至于恐惧在拖延症中所起到的作用，2009年卡尔顿大学的提摩西·A. 派切尔教授带领两位研究生通过研究并证明：导致拖延症的恐惧是多方面的，有人是因为缺乏信心而拖延；有人是害怕表现不好丢脸、伤自尊而拖延；还有人则是害怕自己失败了，会让自己最在意的人失望，所以才拖延。他们还证明，如果一个人的需求得到了满足，那么因为害怕而导致的拖延症是可以消除的。

按照这些心理学权威人士的说法，胡小懒推断：表妹的拖延就是上述几种原因的综合体。如果她对自己有点信心，如果姨妈不总是强调在她身上付出了多大的心血，她也许就不会那么害怕了，反倒能从容自如地该干什么干什么了。此刻，胡小懒脑子里冒出了个想法：是不是该送姨妈一本心理学方面的书啊？她也忒不懂人心了！

心理学家们挺细心，为了让更多的人进行自我诊断，还给出了几条“畏惧失败型拖延”的主要症状。

- 相信宿命。认定一切结果都是冥冥之中注定的，谁也改变不了。
- 否定自己。曾经遭遇过失败，认为自己没有能力应对任何变化。
- 习惯无助。感觉人生和时间不受自己控制，都掌控在他人手里。

怎么解决这些麻烦？胡小懒是看明白了，问题不在于事情多难，压力多大，而在于——做人呐，你得信自己，你更得信“你命在你不在天”！有了这股子劲儿，也就没时间再拖延了。

拖延带来的劣质快感

有压力才有动力，这句话成就了不少人，也坑了不少人。

胡小懒就是可怜的“被坑者”之一。不管做什么事，他都习惯等到最后一刻才行动，工作这几年，熬夜加班简直就是家常便饭。不过，他倒没觉得这有什么不好，他还曾经跟朋友调侃说：“其实吧，加班干活挺刺激的，想起第二天早上得把东西交给头儿，干活根本不会走神儿，效率特别高。平常的散漫劲儿也没了，真有变身成功人士的感觉。”

特拉华州大学的心理学家M.朱克曼为胡小懒这样热衷于和时间赛跑的人创造了一个词语：寻求刺激。他说：“这类人需要肾上腺素迅速上升带来的刺激感，宣称有压力才有动力，在高压下做事，才能获得这种刺激感。事实又如何呢？他们在有限的时间里，往往根本没办法很好地完成任务。”

的确，胡小懒每次都信誓旦旦地说：“没问题，肯定能做好。”可结果往往是，到了最后，发现很多想处理的问题都根本来不及处理了。就像上次做的那份策划案，分明就是老板在后面催着，自己在前面跑着，一路慌慌张张，犯了一大堆错误，方案肯定不尽如人意。

对这样的现象，朱克曼教授又解释说：“你一次又一次地推迟完成工作计划，直到越来越接近Deadline，你错误地认为，这是最好的完成任务的方法。此时，你所经历的任何一种情感上的满足，并不是你继续拖延的动机所在。相反，你所体验的‘刺激感’是在时间所剩不多的情况下，匆忙赶工产生的一种焦虑感，这种情感是拖延产生的结果，而非原因。”

换句话说，像胡小懒这种对工作非要等到火烧眉毛了才挑灯夜战的情况，实际上就是在寻求刺激，盼着最后几分钟忙碌带来的劣质快感。因为他总会想起过往的经历：每次他在最后一刻采取行动时，都是一副满血复活的样子，激情也被点燃了，甚至在压力下，还想出了不少新颖、独特的好主意。而后，他就认定自己一定得到了这样紧迫的份儿上，才能把内在的潜力给逼出来。

其实，这不过是一厢情愿的看法。

德保尔大学著名的心理学教授、美国心理学会拖延症的主要研究者——约瑟夫·费拉里在著作《万恶的拖延症》中，讲述过这样一件事情。

伦敦某家主流报社，通常要求记者们周一上报自己的选题，周二则召集12个部门的编辑召开会议，选出这一周最为满意的选题。这12个部门彼此之间是竞争对手，在会议上，编辑们像疯了一样毫无理智地抨击别人的构想，不是说构思老套，就说想法愚蠢，似乎只有自己的构想最靠谱儿。

报社一位名叫约翰的记者告诉费拉里，这样的争吵每周都会发生，而且一直要拖到周五才能选定出哪个构思最合适。一般来说，周一交上来的50篇初稿中，大概只有9篇稿子能胜出。然后，这些记者为了能够赶上周日的出版，就得在有限的时间里拼命地赶稿。时间如此紧迫，他们根本就没有任何修改稿件的工夫。刊载出来的东西，质量就可想而知了。

费拉里还说，他经常听到一些学生们念叨“有一篇论文或是研究项目第二天就要交了”。他对此给出的解释是：“有哪个导师会让学生们在一两天之内完成一篇优秀的专业论文，或是一个研究项目呢？真相是，这些学生大多都有拖延的习惯，他们以为在有限的时间里，自己能够做得更好。”

看来，寻求劣质刺激的不只是胡小懒，也不只是我们身边的“他和她”。拖延，从来不分国度，不分领域。可不管是谁，不管是怎么个拖延法，要承受的代价却是一样的。

不改掉拖延的坏毛病，回归正常人的生活，就只能继续在拖延里挣扎，在压力和焦虑、熬夜中折磨自己，最后还可能会因为效率低下、做事马虎而遭到“卷铺盖走人”的下场。

学学那些本本分分干活的人吧！不迟到、不早退、不磨洋工，上班时做该做的事，下班回归正常的娱乐生活，虽说看起来不那么“扎眼”，可总在享受稳稳的幸福。这样做人做事，经过日积月累之后，肯定会有一些质的飞跃。

你有“决策恐惧症”吗?

俗话说：“铁打的营盘流水的兵。”胡小懒所在的公司就是那铁打的营盘，隔三岔五出现的新面孔，就是那流水的兵。胡小懒再不济，至少也算是个有点定力的小青年，他毕业后就一直在这家公司工作，算算也有五六年了。现在的大学毕业生，谁没跳过几回槽，谁没有换过N份工作呀?

这不，公司里最近又来了一个文案策划，很是惹眼。女孩叫罗莉，长得也挺“萝莉”，她大学刚毕业，身上没有一点职场气息，上班第一天，人家竟然扎着两条小辫就来了。八卦的同事，甭管男的女的，都在QQ上偷偷地议论着这个“另类”。

不过，罗莉对工作还算认真负责，老板交代的任务，她都特别上心，对每一项任务她往往都会做出两种或两种以上的方案，拿到老板那里去探讨。说是探讨好像还不太贴切，应该说是“介绍”才对。她把每一种方案的优点、缺点全进行了分析，可就是从来不说自己认为哪种好，就等着老板作决定。

起初，老板没觉得哪儿不对劲，觉得这小姑娘还真不错，挺上进的。可后来，聪明的老板发现了一个问题：明明是交代罗莉做策划案，可自己的工作量却比原来多了。自己要花上近1个小时来听她讲述所有方案，这时间，完全够他跟老客户谈笔生意了。罗莉介绍完了之后，他也不能闲着，还得把几种方案在脑子里进行对比，以判断哪个更好？

可能是因为罗莉没什么经验，开始老板也没有直接批评她，就是指出了她的这一缺点，希望她能改正。但此后罗莉依然和过去一样，唯一的变化是，她每次都只做两种方案了，然后拿去让老板比较，老板对此十分恼火，批评了罗莉一顿。

胡小懒在公司里还算有人缘，甭管是新来的还是旧相识，他都能跟对方打好关系。加上罗莉和胡小懒做的工作一样，胡小懒又没什么架子，让她觉得挺可靠的。罗莉挨批之后，自然就跟胡小懒诉起了苦。当然，胡小懒也挺享受这样的过程，他觉得帮助弱小的女生，挺能彰显自己的男子气概。

为了安慰罗莉，胡小懒团购了两张电影票，提议下班后带她去放松下心情。罗莉同意了。

那阵子，新上映的电影挺多，其中有不少是从国外引进的。面对电影院同时热映的十几部片子，胡小懒客气地问罗莉：“你想看什么？”罗莉的回答是一种冰棍的名字——随便。她说：“我看什么都行，你决定吧！”为了不再耽误时间，胡小懒选了一部马上开演的影片。

看过之后，胡小懒就后悔了，因为那片子拍得实在不怎么样。这时，罗莉也一改刚刚“随便”的态度，说：“看得我都快睡着了，感觉好假啊！之前听你介绍过好多电影，我觉得你选的肯定错不了，没想到这次你大失水准了！”

胡小懒憨笑着说道："那我刚才让你选，你干吗不选啊？不管好不好看，反正已经看了，就这么着吧！况且，'免费'的电影您就将就将就吧！"

回家的路上，胡小懒一直回想着刚刚的事，再结合平日里罗莉的种种表现，他发现罗莉似乎从来不会主动拿主意。他作了一个假设：如果今天的电影是罗莉选的，后来发现电影很烂，她会怎么样？她肯定会觉得心里很不舒服，甚至有愧疚感。白白浪费了两张电影票，因为是她作的选择，所以，她觉得自己要对此负责任。

这么一推测，聪明的胡小懒就什么都明白了。罗莉每次做两种策划案，还要拿去跟老板探讨，是因为她怕自己贸然交上去一份，老板觉得不好，或者是被客户直接退了回来，她就得承担责任。如果是老板选的，就算客户不认同，那跟她也没多大关系，因为不是她作的决定。拖延着不作决定，把决策权交给别人，责任就被转嫁到别人身上了。

学习，真是锻炼人思维的一剂良方。胡小懒自从加入了"战拖小组"之后，对拖延的各种心理症结认识颇多。他对罗莉的分析一点儿都没错，心理学家沃尔特·考夫曼早就说过："患有决策恐惧症的人，通常不会自己作决定，而是让别人替自己来决定。这样的话，他们就不用对后果负责了。"

可惜，每个人都会犯错，也会判断失误，这是不可避免的事。因为人生本来就是由各种选择和决定串起来的，人之所以为人，就是因为我们有能力决定自己想要的东西。哪怕是选错了、失败了，那也总比不作决定要好得多；就算是爱过又失去了，那也比从来都没爱过要好得多。

生活是一场人人都得参与的比赛，必须要加入，也必须要成为赢家。冒险和博弈，是生命的重要组成部分。作决策是一种挑战，也是必经的经历。有可能你会说：“我可以晚一点再作决定，我还年轻，不需要冲刺，我可以用大把的时间来学习、投资、结婚、生子等，等我做完了这件或那件事，我再来做这个决定。”别忘了，人生不是无限的，一直拖延着，你真的可能会虚度一生。

诚然，对于那些关乎命运的大事，自然需要三思而后行。可是，如果像罗莉那样，连看哪场电影这样的小事都不敢去决定的话，那就真是太可悲了。一个没有担当的勇气、没有明确目标的人，注定会变成懦弱、没有主见的傀儡。因为，你把自己与生俱来的决策能力和权利全都放弃了。

害怕成功？开玩笑吧？

如果说，一个人因为害怕失败，所以选择拖延，那么这种情形多数人都能理解。失败了多尴尬、多受伤？若是不做就不会失败了。这样的想法顺理成章。但如果说，一个人因为害怕成功，所以选择拖延，你会不会觉得奇怪？甚至觉得这是一件不合逻辑的事？

可实际上，这种情形的确存在。很多人在潜意识里确实存在着对成功的恐惧，也正是这种恐惧，阻碍了他们的行动，让他们与成功失之交臂。只不过，恐惧成功的理由往往因人而异。

林晓筠，是与胡小懒共事多年的一位女同事，她性格温和、能力出众，比胡小懒还早来公司一年，算得上是资深策划了。鉴于她以往的工作表现，公司准备晋升她为策划总监。

按理说，从一个策划熬到了策划总监，这绝对是件可喜可贺的事。可林晓筠却是一副愁眉不展的苦相，总是找借口推脱，迟迟不肯就任，甚至还谎称有事，请了三天假。由于多年的同事关系，胡小懒自然很关心这位同事姐姐，而林晓筠对胡小懒也比较信任，就如实道出了自己心里的想法：我不想升职，不想加薪，不想要这份成功。至于原因，她说得更清楚。

“太累，压力太大。做个策划就够累了，要是再当个总监，我得比现在做更多的事，还要做得更好才行，这样一来，我就更没有自己的时间和空间了。”

“害怕，想保护自己。升职是一件危险的事，很多人盯着这个职位，老板宣布让我做总监，肯定会有人心里不舒服，甚至愤愤不平。我若就任了，那些人肯定会发起挑衅，想办法制造麻烦，或者孤立我。我本身不是那种强势的人，本来就不太会应付这些事，真的到了那个时候，我只能疲于奔命，所以我不想上任。”

“束缚，没有了自由。让我做个策划组长还行，可做了总监就大不一样了。那属于公司的中层领导，不管做什么，做得好坏，都要被好多双眼睛盯着，人前人后都遭人议论，就连每天穿什么衣服都不能太随便。我不喜欢那种没有隐私又太束缚的生活，更不愿意被人当成茶余饭后的话题。”

听完林晓筠的解释，胡小懒觉得确实是这么回事。事物本来就有两面性，人总是“只见贼吃肉，不见贼挨打”。成功也不是那么好玩的事，有荣耀就得有牺牲，就看你怎么衡量了。

他问林晓筠：“那你打算怎么办呀？”

“还能怎么办？拖着呗！我这几天不想来公司了，我要请几天假。在用人的时候，我给他掉链子，他肯定会觉得我担不起大任，说不定就会另觅他人了。”林晓筠说道。

“拖延症？”胡小懒最近着了魔，更像是得了“职业病”，他脑子里快速地闪过这么一个念头，“升职这么好的事，我求之不得呢。怎么到她那儿就变成了烫手的山芋”？

其实，不只是林晓筠，很多女性都有这样的问题。1968年，美国心理学家M.霍纳成功地揭示了女性害怕成功的心理现象。害怕成功，是指个人对其行为获得成功的结果感到恐惧。霍纳在其研究中发现，65%的女性对成功存有恐惧感，而只有9%的男性对成功感到恐惧。这就是说，女性“逃避成功”的概率要比男性高出许多。后来，有研究者得出一个公式：成就动机=追求成功的动机-害怕失败的动机-逃避成功的动机。

在追求成功的动机方面，男性和女性差不多，可是由于女性逃避成功的动机远高于男性，这就导致她们的成就动机比男性要低。至于原因，就跟林晓筠说得差不多。如果太成功了，会不会在两性关系里遇到麻烦？多数女人在潜意识里都认为，优秀的、强势的、成功的女性，不如那些温柔贤惠的小女人幸福，因为她的强大会给男人造成压力，除非她身边的那个男人比她更强大。如果太成功了，会不会更无暇顾及家庭？面对这些未知的、高昂的代价，她们还是觉得保持现状最安全，所以就想办法拖延，不让自己成功。

这样的事，并不只是存在于事业方面。再举个简单的例子：有些人体重超标，迫切需要减肥，他们知道用什么样的方式能够成功地帮自己减掉肥肉，也知道减肥成功后的自己会变得更健康、更漂亮、更有自信。可他们就是不肯行动，依旧保持着原有的生活习惯。之所以会这样，也跟恐惧事业上的成功一样。因为减肥意味着要辛苦地付出：不能贪嘴、不能偷懒、要汗流浃背地运动，还得放弃很多喜欢的东西……这些代价，让他们恐惧减肥、恐惧成功。

想过没有？如果一个人总是畏惧成功，那么他就会被禁锢在拖延的牢笼中。事实上，他们所畏惧的那些东西，也未必真的会发生，就算发生了，也未必真有那么可怕。有句话说得好：“恐惧比恐惧本身更可怕。”

把成功的好处和坏处全都列出来，然后作一个对比。你会很容易发现，你之前的那些担心和害怕是很无聊的，你既然知道了它们的存在，又怎会任由它们肆虐呢？事实上，你完全可以做得很好，你也具备那样的能力，只是首先你得相信这一点，然后勇敢地迈出第一步。

内心太过于依赖他人

《谁动了我的奶酪》中有一段精彩的文字：我们每个人的内心都有自己想要的“奶酪”，我们追寻它，想要得到它，因为我们相信，它会带给我们幸福和快乐。而一旦我们得到了自己梦寐以求的奶酪，又常常会对它产生依赖心理，甚至成为我们的附庸；这时如果我们忽然失去了它，或者它被人拿走了，我们将会因此而受到极大的伤害。

关于这本畅销书，胡小懒很早以前就买来放在书架上了，却迟迟未翻开来看。他总觉得，自己有忙不完的工作，希望赶到某个周末或是假期来读。结果，这一放就是三年。他发现，不只是自己这样，身边很多朋友、同事，包括网友，也都有类似的毛病。说白了，大家都是拖延症的“病友”。

当他终于意识到了拖延给自己带来的种种麻烦和恶果时，他开始醒悟了。“战拖小组”里有人发起了一个读书计划：一个月至少读一本书，坚持一年。借着这个机会，胡小懒才把《谁动了我的奶酪》从书架上取下来。当然，选择这本书的原因还有一个，那就是它字数少，更容易读完。

其实，胡小懒这一次的选择是很明智的。他在读这本书的时候，不止一次地想到了自己。书中是这样讲的：在面对变化时，两个老鼠比两个小矮人做得要好，它们总把事情简单化，专注于行动；两个小矮人不同，他们有着复杂的脑筋和人类的情感，喜欢把事情变得复杂化，会抱怨、幻想、拖延，明明知道事情的真相，却不肯面对，不肯做出改变，总是希望事情自己会发生转机，或者是他人帮助自己来扭转局面。

这样的经历，胡小懒也曾有过，每每想起，他心里至今仍有遗憾。那还是刚刚进入大学的时候，学校号召大一新生参军入伍。胡小懒内心很敬畏那身笔挺的军装，他也曾无数次憧憬自己穿着迷彩服挥汗如雨的英姿，但又有些迟疑。

从小到大，胡小懒都依靠能干的老妈帮他安排学习计划、选择学校、报考专业，自己的很多重要选择他根本就没操过什么心。乖乖地上学、考试，大学之前都走读，大学之后虽然住校，可也在本市，离家不太远，每到周末就乖乖地背着一堆臭袜子回家。现在，对于应征入伍这件事，胡小懒不知道自己去了部队之后的生活会怎么样？于是，他习惯性地给老妈打电话，可这回老妈没给他任何建议，只是说：“你也成年了，该自己拿主意了。”自己拿主意？胡小懒慌了神，长这么大还从来没有自己拿过主意呢，何况是这么大的事。他犹犹豫豫，迟迟不敢做出决断，就一直拖着。最后，征兵体检时间过了，他还是没有做出决定。

事情已经过去了十年，如今回忆起来，胡小懒才知道，原来从那时候起自己就已经有了拖延的苗头，只是自己不知道而已。而且，类似这样的事情，在他刚参加工作的时候也发生过。

一个初出茅庐、愣头青似的小伙子，满脑子都只是那些书本上的知识，充其量还知道一点中外的文学作品。在毫无准备的情况下，纵身一跃进入了时尚的广告界。从慢悠悠的象牙塔生活，瞬间变成了早出晚归的超忙上班族，他确实有点儿不习惯，也不适应。

刚上班没几天，他就有点烦了。自己什么也不会，自尊心又强，待在办公室里像是要窒息一样。有时候，策划组长交代的任务，他就拖着不做，其实他不是不想做，只是想让自己陷入一种被动的状态里，期盼着有人关心他，出手“解救”他。

事实证明，这招还是挺灵的。一个刚毕业的小伙子，挺招人待见的，工作上遇到点困难，对你大哥大姐地叫着，你愿意看着他“受死”吗？于是，当别人的同情心涌上来之后，就帮着胡小懒做本应该由他做的工作，这正是胡小懒最盼望发生的事。

幸好，那样的情形已经永远成了过去。多年的工作经验，已经锻炼出了胡小懒独立工作的能力。只是，发生过的事不可能完全被抹去，所以在读到《谁动了我的奶酪》时，他还是不由自主地回忆、自省了一番。他觉得，自己跟故事里哼哼唧唧的那两个小矮人没什么区别，害怕改变，总想停留在原地，因为这样多少能让自己感到安全和舒适。一旦离开了心理舒适区，就会不知所措，就会想办法拖延着改变的行动，以此来调节内心的不安。

胡小懒不知道现在的自己是否还残留着那种对改变的恐惧，但是，过往的经验已经提醒了他，逃避和拖延不是解决问题的办法，只能酿造更多的遗憾，让自己裹足不前。而今，他立志要跟拖延打一场持久战，所以无论答案是什么，他都要改变了，这是战胜拖延、改变人生唯一且最好的选择。

【解读】 只有普通人才会拖延吗?

拖延不只是普通人的毛病，伟人也同样会沾染这个陋习，就像我们前面说到的达·芬奇，那绝对称得上是一个“拖延狂人”。其实，这也不是什么新鲜事，拖延与注意力涣散的人自古就有，拖延的名人也不胜枚举。这里就闲聊一下著名的拖延症患者，看看拖延症是如何“坑害”他们的!

1. 圣·奥古斯丁

生于公元前354年的圣·奥古斯丁，是著名的神学家和哲学家。他年轻的时候，一方面陷入肉体的情欲中，另一方面又在寻求思想上的升华。33岁那年，他皈依了基督教，可他仍然没能彻底与情欲决裂。

他曾经向上帝忏悔:“当你向我呈现那些真理时，我知道你是对的；尽管我确信它的神圣，却仍然只能重复那些没有信心的话：立刻、一分钟、给我一小会儿! 但是，‘立刻’从来都不是指从现在开始，我要的‘一小会儿’也被自己无限地拉长……我向你祈求我的贞洁，但却不是现在。”

从这番话里就能看出，圣·奥古斯丁是多么的痛苦和煎熬，如果他能早点跟情欲决裂，不这么拖拖拉拉，也许他早就解脱了。

2. 乔治·布林顿·麦克莱伦

他曾是西点军校的优等生，后来成为美国南北战争期间北方军的著名将领。科班出身的他，因为系统改造了北方军队的后勤，让他声名大噪，最后被提拔为北方军总司令。他，就是大名鼎鼎的麦克莱伦。

多年来，他坚持一个理念：不打无准备之仗。可恰恰就是这个理念，让他后来屡屡为此所累。最初，他以准备不充分为由拒绝进攻，与总统闹僵了；后来，他因过分谨慎不愿意追击，丧失了胜利的机会。直到1862年的安提坦关键战役，他又犯了犹豫不决的毛病，最后在有利的条件下竟然错失了全歼南方军的机会。战争又因此迁延了三年。

这一切，摧毁了当时美国北方军政界对麦克莱伦的信任，最后他遭到众口交攻，被解除了军职。就连林肯也曾经抱怨说："如果麦克莱伦将军不想好好用自己的军队，我宁愿把它们都借给别人。"

由此可见，严谨和一丝不苟有时未必能应付风云突变，在激烈的变化中坚持所谓的"理想主义"，确实不太合时宜，而且这也是导致拖延的一大重要心理因素。

3. 道格拉斯·亚当斯

若问谁是英文世界里的幽默讽刺大师，道格拉斯·亚当斯绝对是个典范。他能够把喜剧和科幻完美地结合起来，《银河顺风车旅行指南》就是最好的说明，仅仅英文版的销量就超过了1500万册。2001年，这位伟大的作家因心脏病去世了，年仅49岁。

说出来很少会有人相信，这么一位才华横溢的作家，其实非常痛恨写作，他经常在交稿日期来临之际交不出稿子，可谓是典型的拖延症患者。他曾调侃地说道：“我90%的工作，往往都是在最后10%的期限里完成的，我拖延的借口比我的小说还要精彩。我爱最后期限。我喜欢听截止日期呼啸而过，‘嗖’的一下稍纵即逝的声音。”有时，出版商和编辑把他锁在房间里逼他写作，甚至对他怒目相向，直到他提笔。

听起来是不是很夸张？可事实就是如此。他的朋友在提及他的拖延症时说道：“道格拉斯把拖延上升到了艺术的境界。如果我不跑到英国，在他的门外扎营，《银河顺风车旅行指南》永远也不会完成。”

很多人很好奇，道格拉斯在拖延的时间里做什么呢？他懒懒地喝着下午茶，或是泡在浴室里，要么就跟婴儿一样在床上躺着，这些都是他拖延的“手段”。

看过这些名人的拖延经历，你是不是稍微找到了点平衡和欣慰呢？至少它说明，拖延不是一事无成者才得的病。换个角度说，就算患了拖延症，也还是有可能成为伟人的，前提是得努力戒掉它！

第4章

战拖，从抗击惰性开始

前面已经提到，拖延与懒惰狼狈为奸，要战胜拖延，就得先从心理和行动上克服懒惰。如果懒惰的情绪一直存在，那么人始终会处于一种空想的状态，做什么事都会觉得“懒得动”。没有行动、不想行动地耗时间，就是拖延。你，还要任由它继续发展下去吗？战拖，就从抗击惰性开始！

克服了懒惰，战拖就成功了一半

战拖是一场持久战，需要有耐力，更需要不断地给自己鼓励。胡小懒就要与跟随了自己二十几年的懒惰陋习挥手告别了，他内心激动不已。每次想到懒惰，想到过去因为懒造成的种种麻烦，他肠子都悔青了。为了让人生在28岁这一年能够重新开始，他写下了一份抗击惰性的宣言。

如果克服了惰性，那么人生就已经成功了一半。

懒惰是生活中的捣蛋鬼，有它存在的地方，就会杂乱无章，就会狼藉一片。它无情地抹杀了生命的积极和勤快，让人在无限的拖延中忍受着散漫的日子。

懒惰是工作上的拦路虎，它让人得过且过、混一天算一天；它让人变得没有责任心，没有上进心，让人无休止地懒下去。也许我们能用表面功夫欺骗一下别人，可懒惰对自己的伤害谁也替代不了。

懒惰是人际关系的破坏狂，明明是自己犯下的错误，却总要别人一起来承担责任。这是一个讲求效率的时代，你用懒惰拖累成功的脚步，可别人却在奔跑着向目标前进。时间久了，当你的懒惰成了别人的绊脚石，谁还会愿意与你同行？

懒惰是感情里的一根刺，在爱情和婚姻中的两个人，本该互相体谅、互相扶持、互相关照，如果其中一个人总是犯懒，把所有的家务、所有的压力都推给对方，再深厚的爱也会因此被压垮，再乐意付出的人也会心寒，因为付出总需要得到一点回报、一点宽慰，才会有动力坚持下去。

记得曾看过这样一篇寓言故事：

有只青蛙在路边悠闲地闭目养神，突然听见有人叫道："老兄，老兄……"

它懒洋洋地睁开眼，发现是田里的青蛙手舞足蹈地叫着它："你在这里睡觉太危险了，搬过来跟我住吧！我这里很凉快的。"田里的青蛙继续热情地劝说道："在我这里，每天都有虫吃，还很安全。"

路边的青蛙听得有点不耐烦，它很讨厌别人对自己的生活指指点点，于是它便回答说："我已经习惯了，懒得搬了。有什么必要非得搬到田地里去呢？路边一样有虫吃。"

田里的青蛙摇了摇头，无可奈何地走了。几天以后，它又跑到路边，去探望那只青蛙，结果却发现，路边的青蛙已经被车轧死了。

其实，命运就掌握在自己手里。任由自己懒惰下去，就难逃厄运；选择了勤劳，就可以得到稳稳的幸福。生活中的很多灾难，不是别人酿造的，也不是上天刻意为之的，而是自身的惰性导致的——懒得作任何改变，只想保持现在的样子，就算是举手之劳都拖着不去做。你总是懒得去做，最后命运也懒得来眷顾你，懒惰的人迟早要为此付出代价。

胡小懒不想死于懒惰，不想让懒惰扼杀自己的梦想、激情和原本应该拥有的幸福。所以，他下定决心：跟懒惰死磕到底！

远离那些懒散的伙伴

拖延症之所以可怕，是因为它跟瘟疫、病毒一样，会从一个人蔓延到一群人身上。

上大学时，胡小懒同宿舍有四个人。突然离开紧张的高中生活，进入天堂般的自由世界，个个都像撒欢儿的小狗一样，美滋滋的。

就拿起床的事来说，胡小懒本来还保持着6点半起床的习惯，可这样的日子也就持续了不到两个礼拜。每天睁开眼，他看见同寝室的哥们儿睡得跟死猪一样，流着口水，打着呼噜，整个楼道里都很清静。于是，他也开始赖在床上不起，睡醒了就躺着听歌、看书、玩游戏。培养个好习惯不容易，染上个坏习惯那真是轻而易举。自那以后，胡小懒就有了赖床的坏毛病。甭管这一天有多大的事，不到最后一刻，他就是拖着不起床。

宿舍的老二，本来是个斯文、干净的男孩，虽然贪睡，可早晨起来还是会叠叠被子、收拾收拾的，衣服也是经常换洗。但男生宿舍是个什么地方？是个足以改变人一生的地方。他一个人收拾，架不住另外三个人在屋里"造"。看着胡小懒和其他两位室友的杰作——不叠被子，衣服皱巴巴的，柜子里乱成一团，桌子上堆着装有残羹冷炙的饭盒（有的还长毛了）。偶尔，从外面喝酒回来，躺到床上就睡，洗脸、洗脚、洗澡，早就忘得一干二净了。

半个学期之后，爱干净的老二，已在不知不觉中加入了这个懒惰的队伍。无疑，他是被“传染”的。

工作之后，胡小懒见识的拖延传染案例就更多了。刚到公司时，可能是因为胆小，他还是老老实实的，上班时间规规矩矩地做事，不敢闲聊混日子。那时，他根本不敢挂QQ，就算挂上QQ也很小心，生怕被别人看见。可后来他发现，自己实在太“二”了，人家同事都挂着QQ，还聊得不亦乐乎。于是乎，他一口气把自己的两个QQ、一个MSN全都挂上了，在工作之前、工作之余也开始闲聊。

时间久了，他又发现了一些“秘密”：在自己埋头干活的时候，总有个别同事跑出去喝咖啡，接打私人电话，或趁老板不在的时候趴在桌子上睡觉。这些作风，给胡小懒留下了深刻的印象，也为他日后的拖延症奠定了坚实的基础。

现在回想起来，他挺后悔的：“当初为什么要学他们呢？看着是清闲了，可事情还是那么多，早晚是自己的事，拖到最后还得干！”要戒除懒惰，防止拖延症的复发，就得阻绝这些可怕的“传染源”。胡小懒在这方面，总结出了N条经验。

1.不去关注那些偷懒的人

罗宾斯曾说：“我们会花更多的时间去关注那些偷懒的同事，而不是专心于自己的工作。”

工作时，不管周围的人是在聊天、刷微博、打电话、吃东西、打瞌睡，都要装作看不见。千万不要觉得别人都在消遣，只有自己在工作，这样的想法会干扰内心的平静，让自己变得浮躁。要学会鼓励自己，在心里默念：“做好自己该做的事，为的是不加班、不让自己后悔。”当你能够成功地不受他人的影响时，你就会多一份成就感，这种成就感也会促使你日后更加专注地做事。

2.不为懒人的行为去生气

在团队合作时，难免会遇到个别懒人。这时，不能跟他们斤斤计较，生气指责，或者是干脆来一个“效仿”。别忘了，你不是一个人在战斗，你身边还有战友！如果你效仿懒人，工作效率必然会下降，看似是在报复那个懒人，其实，你是在给自己树敌，会让其他合作者产生不满。想想看，当一个团队里全是懒人和满腹牢骚的人，结果能好得了吗？

3.不被懒人的言行“诱惑”

懒惰的人，在做事时经常分神儿，去几趟厕所、眯一会儿、吃个午饭，一晃就混过了半天。他们还可能会因为闲得无聊，找旁人聊天。如果他找到你，对你说与工作无关的事，你坚决不要受“诱惑”，你可以告诉他们：“我现在有点事儿，有时间再聊。”千万不要因为看到他们偷懒而没受到处罚，也加入到懒惰的队伍中，你心里该明白：拖延症总是要到最后的时刻，才会显示它的魔力。

4.不要让懒人妨碍自己成功

懒人有个坏习惯，自己做不完的事，就让别人来帮忙。如果碰巧，你在团队合作时遇到了懒人，一定要做好分工，而且要让其他人都知道懒人负责哪一个环节。这样的话，他就很难将工作推给其他人，如果他真的因为拖延而未做好，其他人都是有目共睹的，那么老板自然也会知道罪魁是谁。如此一来，就不会牵连其他无辜的人了。

5.不打懒人的小报告

依旧是上面的问题，对待懒人“磨洋工”的行径，如果你直接到老板那里去告状，你会显得像个马屁精。当然，这并不表示你一定要忍气吞声。如果老板明确提出要你评价某个同事，那你不妨实话实说；如果你只想让老板利用权威提醒一下某位懒人，那你不妨这样说：“我现在手里的这个项目没有办法取得进展，是因为在等某某完成手头上的工作，我们一直在等。”如此，老板就知道问题出在哪儿了，也不会觉得你是个搬弄是非的小人。

可以说，几乎每个人在工作和生活中都会遇到懒惰、爱拖延的人，胡小懒总结的这几个方法，经过一段时间的实践，证实还是有效的。所以，在和懒人对决的时候，不妨试试这些技巧，既不伤人，又能防止自己被“传染”。

多做点儿事，其实不吃亏

莎士比亚曾说：“我们宁愿重用一个活跃的侏儒,不要一个贪睡的巨人。”

戴尔公司曾经因为一批电脑有问题，下发了紧急召回通知。为了迅速地把这些电脑转入库房，公司号召全体员工帮助运输部门。除了财务部的一名同事外，所有人都积极地参加了电脑的搬运。有人问他为什么不去？他说：“我来公司是做财务工作的，不是来当搬运工的。”

就是那么巧，这句话被从身边经过的一位高管听到了。当时，他意味深长地对那位财务部的同事说：“看来，我们公司没有让你充分施展才能。”第二天，那位员工就收到了公司的解聘通知。

的确，世上没有哪家公司、哪个老板能够容忍懒惰的员工；也没有哪个懒惰的员工，靠着偷奸耍滑、投机取巧在职场上平步青云。

过去，胡小懒并不明白这个道理，很长一段时间里，他就是认为“工作是为了老板”、“做好分内事就行了”。所以，工作的这几年，他的进步非常小，没有得到大的晋升，也没有年年加薪。其实，不是他没有能力，而是他懒。每次，同事把一些原本不属于他的工作交给他时，或者老板在他忙得不可开交时又下达任务给他，他虽然嘴上接受了，可心里始终在逃避、在抱怨，甚至找借口拖着不做。他总觉得，工资是死的，多干活就是吃亏。

可是现在，他终于明白了："要在关键时刻脱颖而出，就得平时比别人多走几步路。"换一种角度来看，多做一些分外的事，也是展现自己的机会，还能促进和同事之间的关系，如果再把事情做得很漂亮，还可以博得老板的欢心。

如果问是谁让胡小懒开了窍？那还得谢谢公司里的那位行政助理Maggie。噢，对，她现在已经成为行政部的主管了，前两天才被提升的。

和大多数秘书、助理一样，Maggie每天的工作很琐碎，无非是整理资料、打印材料、添置办公设备、记录考勤等。很多人都觉得，这样的工作挺枯燥的，做起来也没什么意思。可Maggie却挺踏实，每天忙得不亦乐乎。有一次，她跟胡小懒神神秘秘地念叨："检查工作完成得好不好，并不在于你做得是否尽善尽美，而是你能发现别人没有发现的问题、方法和其他东西。"说完，还诡秘一笑。胡小懒摇摇头，觉得这姑娘挺有意思的。

Maggie在公司做助理大概两年了，做事很仔细，极少出差错。她每天快速地做完自己的事后，便开始搜集一些资料，包括公司过去的资料以及一些经营、销售方面的书籍，然后她对这些资料进行整理和分析，并针对公司经营中的问题，写出自己的建议。几乎每个月，她都会给总裁上交一两篇这样的报告。

总裁看过她的报告之后，挺吃惊的。从来没有人要求她做这些事，可她却有这么缜密的心思，把问题分析得头头是道、细致入微。

胡小懒换位思考了一下，如果自己是总裁，看到助理这么为公司着想，这么主动地做事，心里能不欣慰吗？总裁觉得，Maggie这样的员工确实是不可多得的人才，每一篇分析报告中所提到的问题都十分尖锐，很多做管理的“二把刀”也未必有这个水平。之后，总裁采纳了许多Maggie提出的建议。

Maggie还是个挺热心的姑娘。有一次，胡小懒的新方案缺少一部分产品资料，因为那种产品是新上市的，类似的文案非常少。下班之后，Maggie看见胡小懒还在加班，就主动提出帮忙。那天晚上，她和他一起一直加班到晚上9点，帮了胡小懒的大忙。这样的同事，胡小懒以前还真没遇见过，你的工作完不成是你的事，你有困难自己解决，别人才懒得问。可这次，他确实挺感动的，他觉得Maggie很真诚，如果她做了主管，也肯定能够协调好上下级关系。

果然，他的预测在一个月后就成真了，Maggie被总裁提升为行政部主管。从前碰到这样的情形，肯定是有人欢喜有人愁，可Maggie升职这件事，似乎没什么人面露不悦。胡小懒觉得，这不是偶然，是Maggie自己赢来的。

不懒惰、不偷巧、不拖延、不抱怨，胡小懒被Maggie的这些职业素质打动了，他觉得自己找到了一个学习的目标。反省过去，自己实在太不应该，也错过了太多提升自我和展示自我的机会。事实上，多为公司做点儿事，根本算不上吃亏。对于个人而言，这更像是一个表演的舞台，给了自己发挥才能的空间，可以提高自己在同事、老板心中的好感度，并发掘出自己更具竞争力、更具优势的地方。

胡小懒知道，要做到这一点并不容易。做分外事的前提，是要保证完成分内的事，这就得保证不懒惰、不拖延；做分外之事时，还要有一个博大的胸襟，不斤斤计较，甘愿比别人多付出。虽然，他目前还没达到这个境界，可他相信：每天多做一点点，早晚能达到。工作中的傻子，永远比睡在床上的聪明人要强得多。

放下三分钟热度，多点专注力

有些人，来到你的生命中，只是为了给你上一课，然后转身离开。

胡小懒就曾经遇到过这样一位良师益友，那是一位很有气场、很有亲和力的中年男人，是老妈相识多年的同学，在德国一家公司做技术主管。那次正好赶上他回国探亲，胡小懒有幸和他见了一面。他到现在都还记得那位伯父谈笑风生的模样。胡小懒内心觉得，做男人做到他那份儿上，算是挺成功的了。临别之际，他对胡小懒说了一句话："孩子，你要记住，无志者常立志，有志者立长志。"

那时，胡小懒还不到20岁，对那位伯父的话，他也只当是长辈说的一句教育和鼓励的话，根本没放在心里。一转眼十年过去了，胡小懒现在回想起来，才明白人家说的是什么意思。他想："估计，人家也看出来了，我是一个没常性的人，所以才给我提了个醒。"

没常性——这三个字形容胡小懒，确实挺合适。从小到大他有过无数个梦想，可大多都夭折了。

上小学时，每次学校组织打预防针，他就羡慕那些穿白大褂的医生，希望自己有一天也能给人看病。随着年龄的渐长，当医生的想法不知不觉变淡了。其实，这也可以原谅，年少无知的孩子见什么都新奇，但只能保持三分钟的热乎劲儿，这再正常不过了。

上初中时，他喜欢上了化学，看着那些化学物品发生一系列神奇的反应，再看看那些研究出各种药物、化合物的科学家，他觉得以后搞研究肯定有前途。可是，才过了一年多，这个想法就不复存在了，因为他的兴趣转变了。

上高中时，教英语的老师是留学回来的，经常给他们讲一些自己在外面的所见所闻。她教英文时，并不是一味地为了应试，而是将英语作为一门沟通交流的语言来传授学习经验。胡小懒爱上了英文，分文理班时他毫不犹豫地放弃了理科，放弃了他曾经热爱的化学。那时候，他一心想考外国语学院。

后来，因为分数不够，他阴差阳错地上了师范大学。他也选择了一门语言学科，但不是英文，而是母语中文。不过，他倒一直没放弃英文，开篇时我们就说过，他还曾经满怀热情地背托福单词，希望毕业后能用得上英文。结果呢？不过是说说，没背几天，书就压箱底了。直到现在，他再也没有拿起过那些书。

工作之后，三分钟热度的事儿就更多了。今天想学学制图，明天又想学学摄影，准备工作没少做，可没有哪件事能坚持做下来。开始时总有股新鲜劲儿，让他能坚持早起、坚持看书、坚持练习，可三天之后，惰性就开始反抗了，他纵容着自己一点点地偷懒，今天该看的东西拖到明天，明天该做的事拖到周末，最后一了百了。

事到如今，他没有完整地学会一项业余技能，事业上也没得到多大的提升。眼看就30岁的人了，他心里偶尔也觉得挺失落的，内心有着强烈的挫败感。十年之后，他才算彻底明白那位成功的伯父送给自己的座右铭——有志者立长志，无志者常立志。

“是时候改改自己这三分钟热度的毛病了！”胡小懒暗暗发誓，他把这个问题，作为“立长志”的第一个计划，并告诫自己：不能因为一时兴起就努力，哪天心情不好了就放弃。

可是，该怎么改掉这个陋习呢？其实，不只是胡小懒困惑，很多人都如此，根本不知道从哪儿下手来惩治自己的“三分钟热度”？为了剔除懒惰基因，有人提出了三种方案：

1. 找到自己真正感兴趣的事，培养专注力

多数人都有过这样的感受：看一场喜欢的电影，读一本喜欢的书，玩一会儿喜欢的游戏，时间就过得特别快。在这个过程中，自己的心很踏实，脑子里没有任何杂念，也从没想过偷懒不看、不玩，或者拖到明天再做，转身干点别的事。

这就说明，当人们专注于自己感兴趣的事时，懒惰和拖延往往不会出现。而大多数情况下，我们的工作或者学习的内容并非自己真正的兴趣所在。因为只要提及兴趣，我们想到的就是工作之余的休闲活动，比如摄影、打高尔夫球、写作等，有人可能会问：“只是兴趣，干吗要那么严肃地对待？”

其实，专注于兴趣的目的并不是局限在那件事上，而是要借助这个机会训练自己在工作、学习上的专注力。很多成功人士就专注于兴趣，以此为乐，并且在兴趣上的成就超过了自己的本职工作。最后，他们成功地把兴趣化为工作，体验到了成功的喜悦，也享受到了生活的美好。

2. 努力完成一个阶段性目标，不求终极的成就

如果我们非要在某项兴趣上取得多大的成就，这样就会让自己背负很大的压力。更现实的做法是，找到你所喜欢的事，然后制订一个阶段性的目标，让自己在一段有限的时间里来完成这个目标。

比如，你喜欢钢琴，又打算自学，那就给自己定个目标——两个月之内，能够顺利地演奏一支简单的曲子。这两个月的时间里，你就专注地做这件事。等到完成了这个目标，再为自己制订更进一步的目标。等你能够熟练地弹钢琴了，你可能发现自己并不想考级或者继续深造，但这时，你已经掌握了一项业余技能，因此，你可以把触角伸向其他的领域了。

3. 每次只做一件事就好

在学习一件新事物时，拖延的人往往是率性而为，想起一出是一出，从来不去细细思量。在做事的过程中，一旦遇到困难，很容易变得懒惰，或者干脆放弃。为了杜绝这样的情况发生，最好的办法就是——让自己一次只做一件事，坚持并专注于这件事。这个方法，深受很多成功人士的追捧。因为它既能保证做事的效率，也不至于让身心太累，还能杜绝“三分钟热度”的出现。

踏实才能换来长久

自从有了微博，胡小懒的人生就不一样了。

微博，让他比以前更忙了。他忙着刷微博、忙着写评论、忙着攒人气、忙着搜罗自己想关注的人。生活变得更加丰富了，这当然是可喜的变化。如果只有利而没有弊，那就更完美了。可惜，世界上没有那么好的事。

微博，也让他比以前更懒了。一天24小时，这是永远不会变的。上班刷微博、下班写评论、晚上熬夜发私信，得耽误多少事？耽误的事显然得补上。可是，三天的活儿压缩在一天内完成，你会不会犯怵？为了完成任务，就只能在工作上“偷懒”，这少一笔，那少一画，凑凑合合地交上一个基本能看得过去的方案完事。

他为什么如此热衷于微博？说起来，还挺有意思的。胡小懒觉得这是个展示自己的好平台。现在，各大传媒、各个名人，谁没有微博呀？仗着自己有点小文采，他希望自己写的“惊世骇俗”的小说，能够引起出版人的注意，从而一跃变成知名作家。

胡小懒的脑子里构思了不下十部作品。先是都市言情小说，他写了大概有一两万字，在网上也连载了一段日子。可写着写着，他发现自己编不出来了。很简单，胡小懒就没真正谈过恋爱，就是一个爱情白丁，要把一个故事写得漂亮，写得动人，写得靠谱、逼真，实在太难了。于是，这部作品就夭折了。

后来有一阵子，穿越小说很盛行，胡小懒也想赶这股风，可不料自己写的东西，没什么人看。每天的评论少得可怜，有时，甚至一条都没有。这有点打击他的信心，他开始怀疑自己："我可能不太适合写这种作品，还是别费力气了。"

再后来，《杜拉拉升职记》问世了，电影、电视轮番轰炸。"对，写职场小说，好歹，咱也是个职场人啊。"想法固然好，可执行起来不容易。工作上的策划案都做不完，哪儿还有闲工夫更新呀？身兼数职，真不是一般人干得了的。

就这样，胡小懒的"作家梦"，至今还在酝酿中。

不过，现在他已经知道自己为什么一篇作品都不能完成了，两个字：浮躁。越浮躁，越静不下心；越静不下心，越拖延。结果，就变成了一事无成。针对自己的坏毛病，胡小懒制订了一个解决方案，目前正在严格执行。

1.列出所有没完成的事，逐一攻克

以一周为单位，胡小懒尝试把自己每天想做的事都列出来，这些事基本上都是三天之内可以完成的，大小均有。结果，他发现自己要做的事竟然有那么多，完全超出了自己的想象。

紧接着，他开始按部就班地执行。每完成一件事之后，他就把这一项给划掉。等列出的所有事项都完成后，他就把这张纸放到抽屉里。一周之后，他发现了一件奇怪的事：手里至少还有四天以上的纸

没有被放进抽屉。看到这么多事情要做，心理上自然会产生紧迫感，也就不敢再偷懒了。

2. 找到那些重复做却没有完成的事

在检查每天应该做但没有完成的事情时，胡小懒发现了一个奇怪的现象：明明是自己思考之后才列出来的事，怎么现在看来，却一点儿都不想做了？

为了找到原因，他改进了一下方法：把每天没完成的事，挪到明天要做的事情中，连续一周都这样。一周之后，他发现有一些没完成的事项竟然是重复的。这时候，他问自己："我真的想做，而且必须要做这件事吗？"

如果答案是否定的，认为这件事自己不太想做，也不太值得做，他就干脆放弃了。

如果答案是肯定的，那就说明惰性已经在蠢蠢欲动了，绝不能任由它蔓延。

克服惰性是一个漫长的过程，内心势必会有抵触的情绪。所以，每当惰性出现时，胡小懒就会强迫自己去做一件一直拖延着未完成的事。在做的过程中，他记录下自己的负面情绪，比如"好烦""不想做了"等等，待完成之后，他再回顾这些坏情绪时，却发现那些根本就是借口。

每次完成这些不想做的事之后，胡小懒都会到外面吃一顿，犒劳一下辛苦的自己。同时，也为自己的"战拖"行动继续鼓劲儿！

时刻提醒自己：别犯懒

人生，很多时候是一场自我与自我的战争。你想做一件什么事，想达成什么样的目的，完全得看自己的思维和行动能力；而在执行这些事情的过程中，消极的自我总会不定时地出现，打击你的积极性、扰乱你的心智。谁能够战胜那个消极的自我，谁就是最后的赢家。

在抗击惰性的这场战役里，胡小懒也在不停地与另一个自己做着抗衡。

距离下班还有1个钟头的时候，忙碌了一天的他，总会有一种想放松的欲望。他会不自觉地伸伸懒腰，打开微博，或是拉开QQ的名单。他没有明确的目的，也不知道自己到底想做什么，一切都只是习惯。放在过去，这些事会贯穿一整天，断断续续地让他走神分心。可现在，他意识到了这是个坏习惯，是身体抵达了一个疲倦期，内心里那个消极、懒惰的自己又开始不安分了。

极力想要抗击惰性的他，及时阻止了自己的一系列行为。他索性关掉QQ，临近下班了，基本不会有什么人联系自己了，公司有内部电话，工作上的事可以电联；他也关掉了微博的网页，心里默默地告诉自己："别犯懒！现在是工作时间，先做手里的事。等晚上吃过饭再看，那才是娱乐时间。"

佛家有云："一念起，万水千山。一念灭，沧海桑田。"胡小懒每次成功战胜那个想"开小差"的自己后，都会感到很欣慰。他很庆幸，上天赋予了人类自控的能力，这一点是自然界其他生物难以比拟的。

工作时间如此，生活上也不例外。每个周末，胡小懒也会跟懒惰的自己打上N次架。

闹铃定在早上七点钟，比工作日的起床时间晚了半个小时。其实，每天早上胡小懒六点半就醒了，他知道如果这时候让自己起来，可能心理上会有点儿失衡：周末干吗不让自己多休息会儿呢？也许是太了解自己了，他利用半个小时的工夫，给自己找回一点安慰。别说，这半个小时还真的管用。当心里感到平衡了，状态一整天都不错；若是一大早就心生怨气，那势必会耽误更多的事。

他给自己制订了读书计划，每周六都要去图书馆。起初的一两个礼拜，他都坚持得不错，可到了第三周的时候，大概也是那礼拜工作有点累，他就有点犯懒了。再加上那天还下着雨，那个喜欢拖延的自己又冒出来了，他在内心念叨："要不，我明天再去吧！今天下雨，路也不好走。"

极力想要抗击惰性的他，又开始拼命地阻止拖延的发生。他默默地收拾东西，在心里告诉自己："别犯懒，明天还有明天的安排。今天若不去，读书计划就落下了，再怎么找补，也难补回一整天的时间。下雨怎么了？在图书馆又淋不着雨，而且下雨人才少呢！"

这样的暗示和提醒，帮胡小懒成功地战胜过N次懒惰和拖延。

他在"战拖小组"总结说："其实，懒惰不可怕，可怕的是懒惰缠身了自己还不知道，知道惰性的存在却不知道它的危害。如果能够随时留意它的出现，就能想出办法克制它。”

除了经常性地自我对战，胡小懒还会不时地“刺激”一下自己，让自己保持一颗充满紧迫感的心，以此来警示自己千万别犯懒！

每次走在路上，看到来来往往的高档轿车，他就告诉自己：“别犯懒，既然不是富二代，那就得勤快点，否则这辈子连个QQ都开不起。”

每次看到别人的成功，他也会告诉自己：“别犯懒，都是同龄人，人家能做到的，你也能做到。现在，大家看到的都是成功人士风光的一面，但他背后肯定吃了不少苦。要成功，就得努力！”

每天临睡之前，他都会想想自己的理想，然后告诉自己：“别犯懒，不行动的话，这些想法就永远跟梦一样，摸不着，看不见。”这样的自我刺激法很奏效，总会让他心底生出一种抵抗惰性的力量。

据说，旧时的蒙古战马，为了抵御蚊子的攻击，常常逆风奔跑，用速度甩掉蚊子的纠缠。其实，懒惰也跟那些蚊子一样，吸取我们生命的精华——血液，但它比蚊子更可恶的是，没有任何的声响，不痛不痒，甚至还会带来快乐的假象，然后耽误你的一生。所以，要克服惰性，就得学会经常与消极的自己作战，在试图享受安逸的时候给自己一点积极的刺激。

神奇的PDCA循环法

惰性，总是不经意间就溜到人的思想里，如影随形。尽管经常性的刺激可以让人保持一定的警惕，但仅有刺激还不足以完全抵抗惰性。

胡小懒从“战拖小组”里第一次听说，有一种PDCA循环法，可以有效地辅助对抗懒惰。起初，他对这个奇怪的东西也是一知半解的，但经过一番解析后，他就恍然大悟了。原来，所谓的PDCA，其实就是四个英文单词的缩写。

1.“P”——Plan，计划

要克服懒惰，就必须得有计划地行事。如果面对工作、学习，想到什么做什么，没有系统的计划，结果往往就是“三天打鱼，两天晒网”；遇到一些关键性的任务，也难以有清晰的思路。

当然，计划也有很多种，按照从小到大的顺序，可将计划分为：日计划、周计划、月计划、长期计划。在制订计划的时候，一定得分清事情的轻重缓急，不能眉毛胡子一把抓，而且越简单越好。

计划的目的，是为了更好地采取行动。所以，在制订计划时，还必须得考虑它的可行性。若只是纸上谈兵，不切实际、要求过高，那不仅对抗击懒性没有帮助，还可能会诱发懒惰和拖延。

2.“D”——Do，执行

俗话说：“万事开头难。”但对于计划的执行，往往是开头很容易，坚持却很难。要保证工作能够有条不紊地进行，就要提高执行力。当然，这不是一朝一夕就能达到的，需要学习执行理念、执行方法，让自己由内到外提高执行力，养成认真做事的习惯。

在执行的过程中，要记得时刻提醒自己，不能犯懒。为了保证计划能够顺利地执行下去，最好就你的计划做一个公众承诺，这样就在无形中给自己制造了一些压力，让惰性无机可乘，同时在执行中也多了一份监督。

3.“C”——Check，检查

检查，通常涉及两个方面：其一是自检，其二是被检。

自检，无疑是一种自省，可以不断地发现自身存在的问题，从而解决问题。在自检中，需要时常思考，回顾自己的言行。被检，则是自觉地将自己置身于优秀的监督机制中。比如，你的领导很擅长“盯着”员工，你的家人是很好的监督者，那他们都能帮你抗击惰性。

4.“A”——Action，行动

检查的目的很明确，是为了发现问题、解决问题。因此，在检查之后，就要采取行动。

对于检查的结果，好的要奖励，坏的要惩罚。对于成功的经验，要进行标准化，形成可以推广的模式。对于没能完成的工作，分析原因，然后放到下一个PDCA中循环。

唯有将上述的这些环节、细节都做好了，才能够真正地远离惰性！

【解读】 你经常这样问自己吗?

惰性，是指因为主观上的原因而无法按照既定目标行动的一种心理状态，它是人类难以改变的落后习性，具有不想改变老做法、老方式的倾向。当惰性心理出现时，人就会出现迟迟不行动、一拖再拖的行为反应。

事实上，每个人身上都存在着惰性，只不过个人的意志力不同，所以最终的表现也不一样。前面我们已经介绍了各种克服惰性的方法，这里还有一些小窍门，即经常在心中问自己一些问题，可以有效地帮助我们戒掉懒惰。

1. 最糟糕的结果是什么?

海伦是一名软件工程师，三年前开始涉足广告行业，并创办了自己的广告公司。最初，他总是忧心忡忡、寝食难安。为了让自己镇定下来，他经常问自己："最坏的结果是什么？"答案是："创业失败，重新做自己的老本行。"这样一想，他便觉得没那么恐怖了。

我们不妨也学学海伦的方法，问自己同样的问题。一个客观而诚实的答案，通常并不像我们想象得那么恐怖和无法接受。

2.我可以获得什么?

开始一项行动之前，如果感觉有惰意，不妨问问自己：如果实现了这个目标，我可以得到什么？答案也是非常丰富的，有财富、有名誉、有快乐、有感动。用实现目标后的情景来激励自己，往往能帮你赶走惰性，迅速开始行动。

3.失败是否能让我变得更有价值?

我们要明白，生活的价值并不在于你做了什么，而在于你将成为什么。同时，还要知道，做了什么直接决定能够成为什么。在尝试之后，纵然是失败，但你会因此而成为一个更加勇敢坚强的人。对于生活而言，这才是真正有意义的东西。

4.如果放弃尝试，我会不会后悔?

很多时候，想起自己没有尽力尝试的那些事，我们往往会觉得很后悔。后悔，是非常痛苦的事，所以在你犯懒的时候，不妨问问自己：如果我拖延着不做，错失了机会，是否会有遗憾？想到这些的时候，也许你会变得勤快一点。

5.如果我成功了，能给别人带来什么好处?

不得不说，这个问题的功效十分显著。通常，我们以为自己的目标只跟自己有关，其实不然。我们的目标与他人也有着重要的关联。比如，你成功地创业了，你的家人会为你感到高兴，他们的生活质量可能会因此得到提高。为他人付出，让他人分享自己的成果，这是一件值得去做的事，想到这些，你可能就不想拖延了。

6.我要被恐惧打败吗?

如果你决定放弃尝试，那一定要是发自内心的选择，千万不要被恐惧打败。有时，做人需要不断地鼓舞自己，给自己注入正能量，记住：你是为胜利而活的!

7.此时不做，还要等到何时?

不要一直等待，希望等到万事俱备、天时地利人和时才去行动。其实，这个世界上并不存在什么最佳时机，每一个现在都是最好的时机。哪怕是微不足道的起步，也远远胜于徘徊不前。别忘了，路永远都是走出来的。

第5章

让完美主义见鬼去吧

完美主义者，看似是在追求最好的结果，实际上却只是让事情变得更糟。他们不仅无法体会到完美带来的喜悦，反而会深陷纠结的沼泽无法自拔，甚至还会拖累他人。毕竟，人所能承受的压力是有限的，当压力达到一定程度时，就会出现超限效应，而当超限效应遭遇了完美主义，拖延就是唯一的结果了。

解放心智，承认不完美

完美是毒，缺陷是福。完美，不过是一个努力的方向，如果成了终极的追求或是苛求，那完美就会变成毒害心灵的药引，引诱着我们走向烦恼和痛苦的深渊。

深秋，老妈带着胡小懒到香山舒活筋骨。她总唠叨：“现在的年轻人太懒了，每天上班就往办公室一坐，下班就往床上一躺，出门就打车，一点儿路都不愿意走。现在不锻炼，拼命赚钱，到时候就得拿钱换命了。”话有点刺耳，可道理不假。得，胡小懒跟着老妈出发了。

临近山脚，从车窗望出去就能看到满山的红叶，漂亮极了，就像染上去的一样，没有任何杂质。下车之后，刚刚还语重心长教育胡小懒的老妈，顿时就不淡定了，硬拉着胡小懒赶紧往里走，想早点找一些满意的红叶带回去做书签。

她朝着最红的那一片红叶林走过去，想找到一片通体都是红色的、没有任何斑点的红叶。说实话，胡小懒真有点跟不上老妈的步伐，他在后面调侃道：“妈，你上辈子是不是‘神行太保’啊？”老妈根本没搭理他，一直走自己的路，找自己的红叶。她觉得要找一片通体红色的红叶并不是件难事，可找了半天也没有找到符合要求的，只好捡了一片又扔掉，扔掉又去捡，等着遇见最红的红叶。好几次都是，远远看上去特别红火的一片枫叶林，可真走到跟前，却发现叶子根本没那么红。

等到准备回去的时候，路过山脚下的商店，那里面有卖红叶的纪念品，全是红色的。老妈也凑热闹似的过去看了一眼，皱着眉头说："这倒是挺红，可它是塑料的啊！"店主倒是不避讳，没怪老妈多嘴，半嘲笑地说："真的红叶，你找遍整座山，也找不到这样的。"

回到市区后，老妈跟胡小懒找了家饭馆吃饭。饭店门口放着一口鱼缸，里面有一些黑色的金鱼，还有一些水草。老妈嘟囔着："你说，这鱼缸里的水草到底是真的还是假的？"

老板说："你看看它有没有瑕疵？如果没有的话，那肯定就是假的。假花假草，总是看起来比真的好看。"老妈一看，才发现水草碧绿如洗，一点瑕疵都没有，她又嘟囔："跟那商店的枫叶一样，十有八九都是人工造的。"

说完这番话，老妈似乎有点后悔了，对胡小懒大发感慨："你说，我干吗非得要纯红的叶子呢？之前捡起来的几片，也都挺好看的，关键是看起来多真实啊！可当时就非得要最红的，一直拖着不捡，现在空着两手回来了。"胡小懒越听越觉得老妈跟苏格拉底的徒弟有点像，就想要最大的麦穗，拖到最后什么都没得到。

此时的胡小懒又想起曾经看过的一个故事。

有一位伟大的雕刻家，才华出众、技艺非凡，但凡出自他之手的作品，都令人很难区分哪个是真人，哪个是雕像。然而有一天，占卜先生却告诉雕刻家，他大限将至。雕刻家听后，难过不已，他跟天底下大多数人一样，内心无比惧怕死亡。他苦思冥想，希望能有一个万全之策帮他逃避死亡。最后，他做了十一个自己的雕像，当死神降临的时候，他藏在那十一个雕像之间，屏住了呼吸。

死神无法相信自己的眼睛，他从未见过这样的事，也从未听说过上帝会创造出两个完全一样的人。可眼前的情景该怎么解释呢？十二个一模一样的人到底是怎么回事呢？该带走哪一个呢？

带着困惑，死神来到上帝面前。他问上帝："为什么会有十二个完全一样的人？你到底做了什么？我该如何做选择？"

上帝微笑着把死神叫到身旁，在他耳边轻声说出了一个方法，一个让他可以在鱼目混珠的状况下找出真相的方法。他告诉死神只要在艺术家藏身的那个房间里说出一个暗号，真相自然就会水落石出。

死神对此半信半疑，但没有更好的方法，他只能一试。他进入放有十二座雕像的那个房间，向四周看了看，然后说出"暗号"："先生，你做得非常好，一切都近乎完美，只可惜，还是让我看到了一个小小的瑕疵。"

雕刻家一听，完全忘记了自己躲起来的事，跳出来问道："你发现了什么瑕疵？"

死神笑着说："还是让我发现了你，这就是瑕疵——你无法忘记你自己。天堂里都没有完美的东西，更何况人间？别废话了，跟我走吧！"

是啊！天堂里都没有完美的东西，更何况人间呢？

胡小懒忽然觉得，世人能做的，就是勇敢地接受不完美的现实，乃至残酷的现实，不逃避、不抱怨、不懊恼，用一颗平静的心看待生活带给自己的所有。没有瑕疵的事物是不存在的，盲目地追求一个虚幻的境界，只会徒劳无功，错过更多。

完成比完美更靠谱

在现实中，完美的事物是不存在的，道理浅显易懂，却依旧有人孜孜不倦地追寻着。

近期，胡小懒所在的公司联合业界的其他几家公司，打算共同举办一次“创意之星”活动，并选派胡小懒和阿威作为主要负责人。胡小懒觉得，这是一个可以大开眼界的机会，因为各大公司都会拿出优秀的作品来参赛，就算自己不能获奖，至少也能看到很多新奇的创意，拓展一下思路。

阿威也挺高兴，他来公司刚满一年，一直跟着胡小懒的策划组做事，老板有意让胡小懒带带他。得知自己也要参与负责这项活动，他那叫一个自豪。公司有五六位策划，就数他最年轻，老板却把机会给了他，他激动了好半天。都说“吃水不忘挖井人”，阿威这家伙还算有良心，知道“师傅”胡小懒平日里待他不薄，还特意请胡小懒吃了顿饭。

“创意之星”的活动安排在6天之后进行，也就是说，他们必须在这几天里用业余时间来完成一两部满意的作品。毕竟是比赛，肯定得拿出实打实的东西。

阿威很重视这件事，打算做一个充满温情的公益广告。他用整个周末搜集了各种各样的资料，又花了一个晚上的时间整理。第三天晚上，他因为约会消磨了一天；第四天晚上，公司临时安排开会，他根本没时间看资料；第五天晚上，他才正式开始看，可是资料有上百页，往桌子上一摆，把他吓了一跳：这么多怎么看得完呀？到了第六天，也就是最后期限了。资料都没看完，阿威便着急忙慌地开始做文案。结果，他发现自己根本没有一个系统的思路，想到哪儿写到哪儿，熬夜加班到深夜，也只是草草地做出一份创意书来。其实，他自己也知道，这份创意书根本没什么创意，距他当初设想的完美方案差了十万八千里。

很多人都有过这样的经历，刚接到一个新任务时兴奋不已，憧憬着一鸣惊人的工作成果，天天构思着要怎么做，可就是不愿意在没有完美的想法之前动手干起来。时间一分一秒地过去，眼看就到了最后期限，这时候才开始着急，结果再完美的方案也来不及实施了，甚至连按时完成都无法保证。

放在过去，胡小懒也跟阿威差不多，只不过他不是苛求完美，而是总觉得时间还多，不用着急。可结果呢？跟阿威的“完美主义拖延”一样，都是完不成，或是草率交差。

不过，这一次胡小懒是真的痛改前非了。自从老板宣布了这件事之后，他立即开始在脑海里构思自己的作品。有了一点想法，他就写在文档上。两天之后，零零碎碎的小想法，已经基本上构成了一个大框架。这时，他开始完善细节。到了第四天晚上，公司开完会，他回到家后又稍微整理了一下自己的方案，此时他的创意已经基本上出炉了。剩下的两个晚上，他开始查漏补缺，整体润色加工。虽然还有个别地方不尽完美，但总体来说比过去偷工减料、拼命赶工做出来的案子要好得多。

比赛那天，阿威的作品显得平庸无奇，胡小懒的创意倒是赢得了一致好评，最后还拿了个二等奖。虽说二等奖设置得比较多，有5个作品可以获奖，但这对胡小懒而言，也算是个回报了。做了这么多年策划，还是头一次得到那么多人的好评，还是头一次上台领奖。他平生第一次体验到了，什么叫作“小有成就”。

有人欢喜就有人愁。阿威好几天闷闷不乐，一副苦大仇深的样子，好像受了重创。胡小懒自然看得出来，也知道症结在哪儿。他在QQ上对阿威说：“小兄弟，别那么较真，以后做事记住了，完成比完美更重要。”

任何计划都是在预想状态下制订的，它是静态的；可在执行过程中，却有太多不确定的因素，很有可能会出现突发状况，这就使得结果会跟预想有所差异。要保证自己不拖延，就得事先做好这样的心理准备，不要太在意那些无法达到完美的部分。如果非要较真，不完美的地方会变得越来越多，让人产生的心理落差更大。

不拖延的人都坚信一个准则：“工作的态度必须是一开始要求完美，但最后只需做到八成就行，剩下的两成留到下次的工作完成。”开始时要求完美，是对自己的严格要求，让自己别太松懈。在执行的过程中，达到一定的水准就该满足，就算遇到问题，只要牢记于心，下次争取不再犯就行，根本不必太在意，更用不着全盘否定，推翻之前所做的一切。

工作时不必要求事事完美，不必在不重要的问题上花费太多心思，只要把重要的事情解决好，充分展现出自己的能力，就可以称得上出色了。当你能够完全实现绝不拖延，高效而顺利地完成任务时，再对薄弱环节进行修改和完善，那就实现了完成与完美的统一，这种状态就是很理想的了。

消极的完美主义

前面我们刚刚提过，完美主义的正常形式，应当是在做事之初有一份追求完美的心态，但在执行时不刻意苛求完美，能够接受突发的意外情况，可以允许微小却不影响全局的瑕疵出现，并将这些问题牢记于心，作为日后改进的部分。这样的完美主义，会让人不断追求更高的目标，变得越来越好，这属于积极的完美主义。

当对完美的追求变成了强迫症，即完美主义者为了获得完美而变得神经质，拒绝接受任何不完美的东西时，就很麻烦了。就像胡小懒的同事Amanda和阿威，他们对工作、对自己的苛求，已经到了病态的地步，这完全就是一种消极的完美主义（我们在本书里所提及的与拖延症有关的完美主义，指的正是它）。

消极的完美主义者，在性格上有一种与生俱来的冲动，他们习惯把这股精力投入到那些与自己的生活、工作息息相关的事情上，努力去改善它们，尽量让它们变得完美。Amanda和阿威都有这样的习惯，希望早日完成自己所制订的计划，但这种想法却往往被现实打败，无法如期兑现，接下来，他们就会出现沮丧、暴躁的情绪。

有的人为什么如此执着于追求完美呢？这实际上还牵扯到一个心理上的问题。胡小懒多次发现，Amanda骨子里特别高傲，她看不惯公司里很多人、很多事。每次公司集体讨论，她肯定是发问最多的那一个，因为她质疑的东西太多了。她发表意见的时候，还总是一副“我要让你知道最好的东西是什么”的架势，希望自己在各个方面都超越别人，好为人师。

Amanda这个人不坏，也挺热心，但在公司里她的人缘并不算太好。可能就是因为她太争强好胜了，有时甚至有点不可理喻。比如，女助理穿了条新裙子，大家都说不错，她却非说要搭配一件什么样的衣服才会更好看。言外之意，就是人家不懂时尚，不会搭配。若是女助理做错了一点事，她就会大加指责，说对方太粗心、太不负责，然后又滔滔不绝地说上一堆教导的话。也许，她确实是出于好心，可这种吹毛求疵、小题大做的方式，很招人烦。

Amanda的人生理念，与她的QQ签名出奇地一致，要么全有，要么全无。这也直接导致了她后来的职场惨剧。将大把的时间花在准备上，痛斥做事不达标的下属，经常为了要求完美而延误工作完成的日期。但她却忘了一点，公司追求的是效益，只有获得最大的效益才是最完美的结果。

对于Amanda这样的人，要她完全停止追求完美是不太可能的，最好的办法应当是让她知道自己的完美主义倾向，并加以合理地利用。如此，她才可能成为一个有所成就的完美主义者，而不是一个耗费精力的完美主义拖延者、被淘汰者。

具体该怎么做呢？有人提出了一些让消极的完美主义者恢复健康的方法。

1.设置时间限制

工作总是能够在限定的时间里完成。如果你打算花一天的时间搞定一份方案，那你就能在一天之内搞定；如果你只给自己半天时间，那么半天的时间也可以完成。如果你不给自己任何时间限制，那你就会无止境地拖下去。所以，有完美主义情结的人，为了防止自己拖延，就要给自己设定时间限制，让自己在规定时间内完成任务。

2.抛开所有顾虑

完美主义者习惯在准备上花费很多时间，总觉得万事俱备之后，成功的可能性会更大。提前计划和做准备，并没有什么错，但前提是你要掌控好时间，最好让准备的时间短一些，然后把更多的时间留在执行上。不要顾虑这样那样的问题，你只要顺其自然地做下去，在问题出现时解决它就行了。太过于担忧和顾虑，其实就等于活在幻想中，并未活在当下。

3.适当地放松

人不是机器，在持续工作一段时间之后，身体和大脑会感到疲惫。这时，不要强迫自己坚持工作，不要加班熬夜，要让自己放松休息一下。休息之后，身体和大脑的机能恢复到最佳状态，再重新投入到工作中时，你会有全新的想法和专注力。

不在错误里迷失

豆瓣的“战拖小组”里，每天都有很多更新的帖子，也总会有新人加入进来。

最近，胡小懒在网上认识了一位大学老师，还不到40岁，就已经是个教授了。不过，他是个典型的完美主义拖延症患者。他说：“如果没有完美主义，我只是一个平庸的人，谁愿意空活百岁，碌碌无为呢？完美主义是取得成功必须付出的代价，也是实现理想的唯一途径。”

胡小懒根本不信这番话，如果这是真的，那他也用不着来“战拖小组”了。事实证明，胡小懒的判断是对的。这位大学教授，平时特别害怕犯错，也特别担心失败，这种恐惧感让他在做事时格外小心。前怕狼后怕虎，好多事都拖着不去做，效率自然也比别人低。他身边那些抱着一颗平常心看待错误的同事，没有他那么累，但在各自的领域里做得也都不错。

无独有偶，胡小懒的朋友Mark在一家外贸公司做销售，虽然刚入职两年多，可显赫的业绩足以让他傲视那些一起进公司的同事。Mark在公司里总是自信满满，工作上一丝不苟，再难缠的客户他也有耐心应对，公司给他的奖金屡屡提高，他很有可能被提升为销售部主任。周围的人都很看好Mark，但Mark却总是对胡小懒说，其实自己从来没有真正满意过，上司的鼓励他也从来没有坦然地接受过。每次实现了一个目标之后，他总觉得自己必须继续努力，做得更完美。目标越来越高，他的压力也越来越大，时常因为情绪化与同事发生口角，人际关系越来越紧张。

相识多年，胡小懒自然了解Mark的个性，他对自己的期望一直很高，期待自己表现完美。因此，不管做什么事他都要殚精竭虑、未雨绸缪，竭力避免错误和失败。

一个人考虑周全是好事，做足准备也是为了让自己没有遗憾，正所谓不求尽善尽美，但求尽心尽力。不过，凡事有度，Mark就属于过了头的那种。在Mark的潜意识里，非要业绩比别人好，工作上有显著成就，才能找到自身的价值。否则的话，他就觉得自己是个失败者，是个没用的人。而且，在做一件事之前，他总是犹豫不决，拖延倦怠。好不容易做完了，又开始反复地检查，生怕有什么疏漏和错误没有发现。他希望事事都能够顺利，没有任何意外。

胡小懒觉得，Mark就是自讨苦吃。谁都知道，计划赶不上变化，纵然你准备得再充分，做得再好，也不敢保证结果就万无一失。中途出现的各种因素，都有可能将之前的一切努力毁于一旦。其实，错了又有什么关系呢？是人就会犯错误，知错能改善莫大焉，没什么大不了的。

美国作家阿尔伯特·哈伯德在《你不必完美》一文中，讲述过自己的一段亲身经历。

因为在孩子面前犯了一个错误，他心里非常内疚。他很害怕，怕自己在孩子心目中的美好形象被摧毁，害怕孩子们不再爱他、尊重他，所以他不愿意主动认错。心灵的煎熬，一天又一天地折磨着他。终于，他忍不住了，主动找到孩子们，承认了自己的错误。结果，他惊喜地发现，孩子们并没有嫌弃他，反倒比以前更爱他了。他由此发出感叹：人所能犯的最大错误，就是害怕犯错误。人犯错是在所难免的，那个经常会有些错的人往往是可爱的，没有人期待你是圣人。

胡小懒的教授网友和Mark，其实就跟哈伯德一样，不管做什么事，但凡出了一个很小的错误，甚至只是不如别人做得好，也会夸张地认为整件事情完全错了，并且不愿面对自己犯下的错，总担心一个错误就会毁坏自己的美好形象。实际上，这就是完美主义者的惯性思维在作怪。

你承认错误没有人会嘲笑你，反而会觉得你诚实、诚恳，更何况每个人都会犯错，这也不是不可饶恕的罪过。相反，你越是想逃避，越是不敢去面对，越是怕损害自己的完美形象，往往才会让人觉得你不可理喻。唯有从错误中走出来，才能够从容地去做其他更重要、更应该做的事，而不是咀嚼过去、拖延现在，最终耽误了未来。

想要摆脱不敢面对错误的心理，就该有选择地追求完美。那么，像那位教授网友那样的人，到底该怎么做呢？一些成功战胜了拖延症的网友，热心地分享了他们的心得。

允许自己在一两件对自己来说比较重要的事情上追求完美。比如，你擅长写文章或者擅长算术，那么你完全可以在这些方面多下点功夫，让自己朝着一个相对完美的方向去努力，但切忌对自己要求得太过苛刻。

想想看，很多人一辈子都是在专注地做一件事，最终成了某一领域里的专家。谁也不敢说自己是全才，我们也不需要让自己在任何方面都成为高手。我们这样想，不仅能让自己对错误有一个较为宽容的态度，也可以减少很多不必要的心理负担。

尽心尽力就好，无须尽善尽美

每个人都有自己要求完美的地方，这就是心理学家马斯洛所说的自我实现的需要。所谓自我实现，就是尽可能成为自己可能成为的人，实际上就是追求完美。

生活能够让人如愿以偿吗？如果工作中每一个环节都无懈可击，完美至极，那职场人还谈何进步与完善呢？那所有的培训都可以取消了。但这可能吗？

人的时间和精力都是有限的，做任何一件事都要花费时间。在追求完美的同时，必然要付出很多的代价，但耗费这些精力未必能换来想要的结果。

如果你只是想写一首诗，手边有一支破旧但能用的碳素笔，一张可用却不太平整的纸，你又何必跑到商店去精心挑选漂亮的钢笔和记事本呢？等你买了回来，说不定已经没有写诗的欲望了。

如果你的老板只想让你就某件事发表看法，你大可直接说出来，或简单列举几条发给他，根本不用花半天时间写一篇长长的报告。等你交上去了，老板或许还会责怪你耽误了正常的工作进度。

如果你的客户只是希望你能够高效地完成任务，帮他们争取时间，那你又何必非要在计划的某个部分上浪费过多的时间和脑细胞呢？

很多时候我们追求完美，都是徒劳无功的。在值得的事情上，追求卓越和相对的完美就好，为了不切实际的完美付出高昂的代价，是最不明智的做法。

美国作家哈罗德·斯·库辛曾说：“生命是一场球赛，最好的球队也有丢分的记录，最差的球队也有辉煌的一天。我们的目标是尽可能让自己得到的多于失去的。”

胡小懒的邻居是一户特别要强的人家。没拆迁的时候他们两家就认识，在一块儿相处了几十年，对彼此的秉性都很了解。不久前，邻居家的“要强叔”查出了肝癌，还是晚期，好歹邻居一场，胡小懒跟父母到医院去探望了他。

“要强叔”住的是单间，刚走到门口，就听见他的小儿子哭哭啼啼地说：“爸，我以后都听你的话，什么都听你的，你得赶紧好起来，看着我出息。”

“要强叔”叹了口气说：“唉，千万别学我。我总是对自己不满，对你们不满，老是希望自己什么都比别人强，觉得咱应该比别人高几个档次。这些年来，我刻板固执，惹得你们和周围的人都不开心。我这毛病就是这么来的。现在，我就想告诉你：别学我，不要追求完美，尽力而为就行了。”

“这真是‘人之将死，其言也善’啊！”胡小懒心想，“活了大半辈子，‘要强叔’总算是明白了。早点这样多好啊！”

人的能力高低有别，不可能事事都胜过别人，更何况人生也没有绝对的完美。很多事情，我们无法全盘掌控，我们唯一能够掌控的就是做事的态度。只要全身心投入，不管结果怎么样，都是完美的，因为你已经尽力了。

最可怕的就是，一心想着这事要完美无缺，那事要无可挑剔，结果好几十年的时间全耽误在这上面了，该做的事一件也没做好，还认为“时机不成熟”“准备不充分”“细节不完美”。最后，一辈子就在拖拖拉拉中结束了。

胡小懒最喜欢跟公司的刘姐聊天，因为她总说大实话，诸如：“我从来不跟别人比，也不难为自己。谁也不敢保证什么事都能做到最好，但只要我去做了，我今天过得比昨天有进步，过得比昨天满足，比昨天成功，这人生对我来说就是完美的。”

胡小懒觉得这些话很实在，也很实用。完美型拖延者总觉得，追求完美才是精益求精，其实这是认识上的误区。只要你不是空想主义者，只要你埋头苦干，纵然做不了大树，但你至少能做棵小草，衬托一下大树的挺拔。像刘姐这样，有着平和而不失斗志的信念，不停地找寻自己的价值，尽力而为地做人做事，生活对她的回报自然也是很丰厚的，人家现在已经是业务部的主管了。

你不可能让所有人都满意

人们常用“初生牛犊不怕虎”来形容年轻人思想上很少有顾虑、敢作敢为。可对于现代社会的很多年轻人来说，这句话似乎已不太适用了。胡小懒对此深有体会。

读书的时候，他就从报纸、网络、电视上了解到一些职场潜规则，外加一些“过来人”的谆谆教诲：“工作一半是干活，一半是人际关系。”似乎职场里的人比工作上的事，更令人胆战心惊。所以，刚参加工作的那一年里，胡小懒过得挺痛苦的。

偶尔有事到上司的办公室去一趟，回来就有人议论，说他是个“马屁精”，爱打小报告。之后，没有特殊情况，他都是在网上跟上司沟通，很少去他的办公室里。还有，某次开会的时候，上司让他发言，他直言不讳地说了自己的想法，第二天就有人说他骄傲自满、目中无人。自那以后，他在人多的时候就尽量保持中立，再不敢当“出头鸟”了。

这些乱七八糟的事，让胡小懒觉得很心烦，他不想得罪任何人，想跟每位同事融洽相处，博得一个好印象。可现在回想起来，他觉得自己真是傻。幻想着“人人都喜欢自己，人人都支持自己，人人都对自己的言行感到满意”，根本就是白日做梦，这种不切实际的期望，也是完美主义情结的体现。背负着如此沉重的包袱，他在最初的那段职场路上如履薄冰、顾虑重重，活得很累。

那时候，他经常干不完活，被上司质疑。说起来，胡小懒那时候的拖延，并不是出于主观原因，而是他总当“活雷锋”。一个刚毕业的学生，一心想跟同事融洽相处，不想轻易得罪任何人，所以别人要他帮忙，他向来都是有求必应。好几次，他为了帮同事的忙，自己熬了两个晚上，最后赢得了几句“你真是太好了”“回头请你吃饭”的好话，可剩下的残局却没人来帮他收拾——自己的工作落下很多，思路被打断，工作不能按时完成，结果被上司批评。

幸好，随着心智慢慢成熟，以及阅历的不断增加，胡小懒已经比过去好了很多，现在他至少不会在公司里唯唯诺诺。换句话说，他学会了用恰当的方式来拒绝别人，也学会了用恰当的方式说出自己想说的话。不过，他发现生活中总有一些人，在重复着他过去的错误。

公司新来的业务代表A，是个应届毕业生。做业务员本身竞争就激烈，甚至同事之间偶尔也会产生利益冲突，人际关系自然紧张。每次遇到竞争，A就心神不宁，没法正常工作，甚至还私下说想要辞职。

至于原因，A从来没向任何人说过。事实上，这一切都源自他的成长环境。他的父亲是个典型的完美主义者，从小就对他管教严格。儿时，他总能达到父亲心中的完美标准，可一旦情绪影响了能力的发挥，他无法做到最好的时候，父亲就不乐意了。比如，考试没考好，父亲便指责他说：你这样以后怎么见人？别人该怎么看你啊？但为了维持在外人心中的形象，他的父亲在别人面前又会说：“他学习上我不怎么操心，考试一直都是班里的前三名。”

在这种环境下，时间一长，他也成了一个完美主义者，在潜意识里接受了父亲的理念：如果我做得不好，别人就会否定我、指责我、嘲笑我。所以，让别人满意就成了他的潜意识。他活得很辛苦，为了避免被人苛责和否定，他极力维护与他人的关系，甚至会做一些违背自己心愿的事来博得别人的好感和信任。唯有当别人对他非常信任、非常认同时，他才觉得踏实，才能在对方面前感到自然。不过，即使他这么做，也仍然会有跟他人关系紧张的时候。

可是，谁能让所有人都满意呢？这根本就是不可能的事。所以，当别人对他表示不满，或者对他提出批评时，他就感觉精神崩溃，特别想逃离眼前的处境，逃离那些指责他的人。

如果现在的你，也正饱受着这种煎熬，那你必须要改变思维方式了。正像胡小懒说的那样，嘴巴是别人的，生活是自己的。太在意别人的看法，需要用别人的肯定来证明自己的能力，必然会造成巨大的心理压力。因为你会无时无刻要求自己保持完美的形象，要求自己把事情做到无可挑剔，因为你害怕别人看到你的缺点和过失，然后以此否定你。慢慢地，你就会放不开手脚，没了创意，失去了工作和生活的主动性和活力。

有人的地方就有是非，就有意见和批评。时刻都想着别人的看法，只会越活越痛苦，越活越没有自我。把目光从别人的身上转移开，不要把自己看得太重要，也不要猜想别人会怎么看自己。顺其自然地做自己，不要奢望得到所有人的好评，不要惧怕别人的否定和苛责，才能把自己该做的事做好，才能感到轻松和舒服。

半途而废不都是错

公司广告部的业务员们，个个兢兢业业，眼睛都盯着大单子，试图拿下一单轻松一年。

胡小懒有时很佩服他们，怎么能那么有韧劲儿呢？就拿陈晓旭来说，这哥们儿一天到晚不停地打电话约客户，可每次对方都以“再说吧”轻松地拒绝他。他有个工作记录本，厚厚的，记录着他联系过的客户，以及对方的态度。可怜的是，在多数客户的备注栏里都写着“再议”，胡小懒觉得，其实那两个字就等于“没戏”。

陈晓旭不服，锲而不舍地跟这些人联系着，叫哥叫姐地说尽了好话，也没见多少人转变态度，可他却乐此不疲，说这都是磨炼，只要每天保持着这份堪称完美的工作态度，就肯定能有回报。他还调侃着说：“这会儿，老天正睡觉呢！等他睡醒了，看见我这个勤奋的小青年，肯定得感动。”

胡小懒也希望这是真的，他实在觉得陈晓旭有点可怜。看看人家老王，也是广告业务员，可做事风格跟陈晓旭完全不同。要说，姜还是老的辣。老王在工作这件事上，坚持尽早行动，要求客户明确给出“是”或“不是”的答案，从不拖拖拉拉。如果客户没有丝毫意愿，不太感兴趣，他绝对不再浪费时间和精力，转身就投向下一个客户。

他每天打电话的次数不太频繁，也不会隔三岔五地联系所有客户，却经常都能拿到提成。

看起来似乎有点讽刺，可现实就这么残酷。陈晓旭坚持不懈地与客户一而再、再而三地联系，看似工作勤奋，无可挑剔，结果却总是竹篮打水一场空。其实，业务员这份工作，不管你讲得多么天花乱坠，不管你起早贪黑付出多少，它首先是一个结果导向性的工作，靠结果论实力，靠结果论业绩。

很多时候，人们总以为做一件事就要坚持到底，半途而废是不完美的，哪怕明知有些事情不可为，也非要执着地坚持；哪怕看着时间流逝，可能影响最终的进度，但还是不舍得放弃。无疑，相对于“出现点问题就全盘否定”的完美主义者而言，这又走向了另外一个极端。

事实上，他们内心也未必没有怀疑，只是中途放弃会让他们产生负疚感，认为自己没有尽最大的努力。对此，他们还会列举一些名人的故事，来佐证自己的观点。比如，爱迪生做了一万次实验才发明了电灯，那就是坚持的结果。没错，这个故事被无数演讲家引用过无数次，但他们的故事只讲完了一半，爱迪生是有坚韧不拔的毅力，但他是在用科学的方法进行发明创造。他不是把同一个实验做了一万次，他是做了一万次不同的实验。换句话说，他做了一万次的假设，一旦发现不对就马上转换思路。换句话来说，他也是一万次“半途而废”。

所以，不能单纯地把坚持与完美等同起来。有些事一味地坚持并不等于尽心尽力，不等于做得完美。恰好相反，错误的坚持才是最大的残缺和遗憾。从现在开始，请务必转换思维方式，别再抗拒半途而废，在执行中不要一味追求完美的执着，白白耗费时间，到最后实在行不通了，才想起另寻他路，往往为时已晚。

连·史卡德家的墙上有一个相框，里面有十几张名片，每一张名片都代表他从事过的一项工作。有的工作是因为他没做好而放弃了；有的工作虽然他做得不错，但因为自己不太喜欢也放弃了。对于这些工作，他没有一项坚持到底。不过，他仍然没有放弃寻找最适合自己的工作。最终，他找到了一个适合自己的职业，一直做了十年，成了百万富翁。而后，他建立了一个跨国公司，在全世界有几千家分销商。十几次半途而废的不完美经历，换来了一个最完美的结局。

看过这些半途而“废”的人，希望每个人对“完美地从一而终”都会有新的看法。坚持固然难能可贵，但并不是让你在一棵树上吊死。很多时候，要适时调整方向，做出最正确的判断和选择，才是明智的选择，千万不要为了所谓的完美主义，委屈自己从一而终地做一件事。很多时候，就算坚持到底，也换不来完满的结局，反倒是把该做的事给耽误了。

别固执！缺憾也是一种美

不久前，跟胡小懒关系不错的一位女同事迷上了小说《锁春记》。每天茶余饭后，她就给胡小懒讲里面的情节，感叹这故事讲得太真实了，俨然就是现代女性生活状态大全。出于好奇，胡小懒就了解了一下这本书和电视剧：里面的女主人公之一庄芷言，聪慧典雅，有着高智商、高学历，给人的印象一贯都是平和优雅、自信乐观，可最后她却出人意料地自尽了，让很多人感到意外和惋惜。

胡小懒每看完一部小说、电视剧或电影，都会搜一搜影评，他觉得这样能够多角度地审视一部作品，的确，有些网友写的评论非常精彩。对《锁春记》这部作品，不少心理专家也参与到评论中来，纷纷发表自己的观点。特别是对庄芷言的自杀，有些专家说，她是典型的“微笑型抑郁症”患者。我们生活在阳光下，而她很可能生活在阴影中（母亲为生她难产去世，这是她内心最大的创伤，而哥哥又在她身上寄托了所有的期望）。她的种种完美表现，都无法改变她是一名微笑型抑郁症患者，她把美好的微笑展示给了别人，而自己却始终生活在压抑中。

艺术源于生活，却高于生活。胡小懒相信这一点。因为在他身边，也有很多这样的人，而且并不只是女性。比如，公司里的有些同事，习惯把微笑和荣耀挂在脸上，塑造出一个成功又完美的形象，给人感觉好像是生活在阳光下，光芒四射。可深入接触后就会发现，他们心里有着挥之不去的阴影，压力、烦恼、竞争和恐惧在撕咬着他们的内心。

网络上曾经有过哈佛大学学生尖叫着裸奔的报道。他们的这一行为，让人觉得他们是“精分”了。在感到好笑和震撼的同时，大家也能想象得出来，他们的心里背负着多么巨大的压力。他们就像表面看起来十分完美，却把划痕隐藏在内壁的精美瓷器。

胡小懒了解到，患上微笑型抑郁症的原因有很多，但有一点大致相同——他们都有完美主义情结，不能接受生命中的缺憾。当他们没办法把自己选择的角色继续扮演下去时，往往就会有极端的举动。

让生命为了一个完美的追求而陨落，让心灵因为一个虚无的影子而压抑，就连胡小懒这样的旁观者都替他们不值。他很庆幸，自己还没到那个份儿上。人生本就是充满缺憾的旅程，不可能圆满，而世界往往因为不圆满才和谐。从这个角度来说，缺憾其实也是一种美。

胡小懒记得在某杂志上看过一篇“开锁的故事”，说的是有位魔术逃生大师，身怀绝技，不管结构多复杂的锁，他一会儿就能破解开，屡试不爽。他很自负，声称自己能在60分钟内打开任何一把锁。小镇上的居民看不惯他骄傲的样子，决定让他尝点苦头，挫挫他的嚣张气焰。

小镇的人铸造了一个非常坚固的铁笼子，配上一把超级大锁，从外表看就觉得复杂无比。逃生大师想都没想就接受了挑战，充满信心地施展起自己的绝技，用让人眼花缭乱的工作手法向这把大锁发起了进攻。时间一分一秒地过去了，30分钟、40分钟、50分钟……可他始终没有听到自己所希望的、熟悉的锁簧弹开的“啪”的那声响。他有点紧张了，可仍旧不死心。60分钟过去了，锁还是没有动静。逃生大师绝望了，他决定放弃。就在他疲惫地靠在铁栏上准备休息一下时，却听见“吱”的一声，铁门竟然被他打开了。

原来，铁门根本就没有上锁，那个超级大锁只不过是个骗人的摆设。因为没有锁上，所以也不可能听到打开锁的声音，这是必然的。如果不是追求开锁的圆满，他也不会心无旁骛地执着于开锁而忽视细节，说到底，他就是被圆满锁住了心。

圆满没有什么标准，只是一种观念，是从比较中产生的结果，是人们站在不同的角度对人、对事做出的一种评判。所以，我们期待的圆满，也只是相对而言的圆满。

既然不存在绝对的圆满，那又何必去强求呢？苛求完美，苛求圆满，只能给自己徒增心理压力和折磨。换个角度想想，也许错过的根本就不是我们真正需要的；失去的本来就没有我们想象的那么好；真实的不完美的自己，也没有我们想象中那么不堪。一切，只不过是我们的执着心在刻意地追求圆满，力求完美罢了。

如此说来，把缺憾视为另一种美又如何？或许，当我们接纳了自己的缺憾，接纳了生活的缺憾，前行的脚步也会变得更轻快些。生活不是拼字游戏，不管你对了多少，错了一个就不合格。生活就像是棒球赛，即便是最好的球队也会输掉三分之一的比赛，最差的球队也有辉煌的一天。我们的目的，不是要求有多完美，只求赢多负少便够了。

完美主义拖延症

当有些事情必须去做，那就得努力戒除自己的完美主义心态。比如恋爱这件事，胡小懒不想一辈子当光棍，要找到合适的那个人，他就一定要放下自己苛刻的要求。

但问题又来了，自己放下了完美主义情结，偏偏在工作和生活中遇到了这样的人，我们该怎么办？毕竟，改变自己容易，改变别人忒难。

公司里最近有个大项目，需要策划部和设计部协作完成。策划部的任务又落到了胡小懒和阿威的身上，为了做好策划案，追求完美的阿威一个细节也不肯放过。要说，认真细致并不是坏事，但问题是任务是有期限的，老这么较真的话，方案猴年马月才能做出来啊？

胡小懒心里压着一堆问题：可不可以让阿威不那么过分地关注细节？如果提出建议，阿威能不能听进去并照做？怎样说才能不打击阿威的积极性，不伤他的自尊？

这些问题，不仅难住了胡小懒，也难住了职场里的很多人。他们可能是公司的管理者，要面对苛求完美却总是拖延的下属；也可能是普通职员，在团队协作时遇到了完美主义的合作者。胡小懒是个典型，既算是阿威的小上司，又碰到了团队协作的事。要解决这个问题，还真需要点耐心和特别的方法。对此，曾有人总结了一些比较实用的方法：

1.对做得好的方面给予赞扬

和阿威这样的人一起工作，确实会有一些麻烦。明明90%的工作都处理得很好，他们却非要关注那不太完美的10%。这样的做事习惯会让人感到愤怒，但如果直截了当地指责，肯定会惹得对方不满。最好的办法是赞扬与批评双管齐下，对他们全身心投入工作的态度予以赞扬，得到夸奖后他们会更加努力，这对于提高整个团队的工作水平有很大的好处。

2.安排适合他们的工作

对于完美主义者而言，有些工作确实不太适合他们，比如那种会让他们拖延时间的项目，千万不要交给他们去做。管理庞大复杂机构的事情，也不要交给他们去做，他们往往会对员工提出过高的要求，细枝末节也不放过，很难成为好的管理者。他们适合做一些比较细致的工作，譬如当整个项目的框架已经完成，只需要完善细节，或者进行后期修改时，这些工作可以放心地交给他们，他们细致、一丝不苟的态度，会给你一个满意的结果。

3.谨慎地对待反馈

听到批评的字眼时，完美主义者往往比常人更难接受。所以，在沟通的时候首先要赞扬他们，并且询问他们的建议。这时，再向他们传递信息就会有效地减轻他们的防御心理，也不会打击他们的积极性，在别人的鼓舞下他们会做得更好。

上述的这些方法，主要针对有完美主义倾向的下属与合作者。但现实中还有一个更加棘手的问题——遇到一个有完美主义情结的上司。

在Amanda没有被解聘前，设计部的助理一直饱受煎熬。每次递交的资料，总要被打回来，说这里不够好，那里不够精细。为此，助理经常加班熬夜。老板怪罪下来，Amanda有时竟然还说是她效率低下。小助理心里挺怕Amanda的，甚至觉得她“精分”。除了工作上的必要沟通，她几乎很少跟Amanda聊天。她有好几次被气得想辞职，但又舍不得这个工作机会，而且公司的发展前景还是不错的。有一段时间，她真是又烦又无奈。或许，对于Amanda来说，被解雇是一件很委屈的事，因为她是挺敬业的，但她这种行事作风，老板受不了，下属也受不了。她走了，小助理心里的那块石头总算是落地了，至少能过上正常人的生活了。

要面对一位完美主义上司，不管对谁来说，都是一件很烦心的事。但如果不幸遇到了，也不能因为对方而放弃来之不易的工作。《孙子兵法》说得好：“知己知彼，百战不殆。”完美主义者的特征就是，过分关注细节，极度喜欢挑剔。在跟他们相处的时候，不妨抓住这一点，展开“防御”。方法有以下几条：

1.相信自己，增强正能量

你要从内心深处抱着这样的想法：我是个很不错的员工，我能够与上司相处好。这样一来，就不会受先入为主的消极观念和情绪的影响。这股强大的正能量，也会促使你在工作上更努力。

2.把基础性事务做好

对于上司可能会提到的问题，事先做好充分、细致的准备。有准备了就不会慌张，在与上司沟通交流的时候，也不会处于被动状态，被指责工作不认真。

3.多准备几种方案

完美主义者习惯在做决策时对比，然后选择更加理想的那一个。所以，在提建议和做方案前，不妨把所有的可能性主动提出来与上司进行沟通，商议之后着手做上司认同的那一个。这样，既保证了意见一致，又节省了时间。

4.学会察言观色

汇报工作要选择上司心情好的时候。人非圣贤，上司也是人，也会有状态不佳的时候，如果这时去打扰他，势必会碰一鼻子灰。

5.平日里多互动

不要因为上司比较苛刻就回避他。要学会经常以微笑面对上司，与其建立良好的互动关系。在日常交往中给上司留下好印象，在正式谈工作时，才不会觉得拘束和紧张。

总而言之，要学会灵活对待工作与生活中的一些人和事。完美主义者并不是一无是处，也不是不可理喻。当你在生活中遇到完美型的人，应试着去关注他的内在，如果能站在他的立场考虑问题，便会对他们追求完美的处世态度多些理解，也就能更好地与其相处了。

【解读】你是典型的完美主义者吗?

本章介绍的都是与完美主义相关的话题，相信很多人都心存疑惑：我也不知道自己到底算不算完美主义者？完美主义者有什么特征呢？

下面，就完美主义者的做人、做事以及生活方式做一个简单的归纳，如果这里介绍的情形与你的风格相符，那么无疑你与完美主义者相去不远。

1. 完美主义者的做人风格

- 我觉得凡事必须要负起自己的责任。
- 我总是压抑自己愤怒的情绪。
- 我装扮整洁干净，忍受不了脏乱的环境。
- 我非常注重给人的印象，在意别人的评价。
- 我看到别人没有教养就感到生气。
- 我对自己的要求一向很严格。

2. 完美主义者的做事风格

- 我常常挑剔自己，也不由自主地挑剔别人。
- 我工作态度严谨，不喜欢别人草率的工作态度。
- 我做任何事都会竭尽全力，心力交瘁时，又会不由得心生抱怨。

- 我做任何事都喜欢计划，我非常有主见，不会盲目地顺从别人的想法。
- 我讨厌每天有那么多做不完的事情，时常觉得很疲惫。
- 我喜欢脚踏实地的感觉，讨厌凡事追求捷径。
- 我极力保持生活井然有序，要求规律地生活。
- 我对突然发生的意外事件，总会感到惊慌、失控、心烦、愤怒。
- 我发现自己有不好的地方，会立刻改正，但又总是矫枉过正。

3. 完美主义者的生活特点

- 面部表情看起来端庄、高贵而严肃。
- 衣着永远整齐干净、一丝不苟。
- 家里保持干净，所有的东西放在固定的地方，也要求家人遵守。
- 一面收拾，一面抱怨，唠唠叨叨。
- 经常批评别人，似乎没有一个人、一件事是满意的。
- 守时、守秩序，让人觉得有点吹毛求疵。
- 从来不会说甜言蜜语，总是喜欢鸡蛋里挑骨头。
- 别人做的事情，自己总是不放心，非要亲自检查。
- 心思细密，注重小节，所以每天都有忙不完的事。
- 一直努力上进，却又总是拖延，发现自己进步缓慢，经常对自己不满。

如果你是一个完美主义者，那么请你时刻告诉自己：世上没有绝对的完美！要求完美的结果，只能是给自己压力，给别人压力，破坏身边的平衡与和谐，这样的结果是最不完美的。

第6章

跟借口说一声“bye-bye”

当有件事迟早需要做，而此刻的你又不想做这件事时，你可以找到上百种理由推迟它。可惜，不管这些理由听起来多么真实可信，都不过是借口。借口，往往会让拖延变得顺理成章；而拖延又为借口的诞生创造了条件。陷入这样的恶性循环中，就只能在拖延的旋涡里沉没。要打败拖延的恶习，就得先学会“没有任何借口”。

生活的赢家，从来没有借口

胡小懒在过去二十几年的岁月里，找借口的次数并不比吃饭的次数少。

考试前拖着不复习，他安慰自己说："神经绷得太紧了，发挥会失常，要放松一下。"

大学毕业后屡次面试不被录用，他对自己说："找不到工作还可以考研，多在学校待两年。"

工作后经常完不成任务，每次想集中精力干活时，他总是想："不用太着急，晚上可以加班。"

一个又一个的借口，一次又一次地拖延。最后的他，混得不怎样，却把自己折腾得很疲惫。而今，他终于理解了法国古典文学家佛朗哥说的那句话："我们所犯的过错，几乎都比用来掩饰的方法，更值得原谅。"他如梦初醒。

在混迹职场的第六个年头，他为自己写下了"没有任何借口"的信条——从现在起，我要做个成熟理智的人，我要改变过去的思维方式，不再寻找各种借口退缩、消磨时间，让自己被动地陷入平庸。我的人生是我选择的结果，我要做生活的赢家，而生活的赢家，没有任何借口。

是的，借口是拖延者敷衍别人、原谅自己的挡箭牌，是掩饰弱点、推卸责任的万能法宝。谁都知道，找借口很容易，也很“快乐”，在遇到困难的时候，它可以减轻烦恼；在需要承担的时候，它可以逃避责任；在遭遇失败的时候，它可以用来埋怨别人；在需要行动的时候，它可以帮你拖延。但是别忘了，时间是有限的，生命是有限的，用借口拖延人生，就意味着虚度光阴，自我欺骗。

生活对谁而言都不易，竞争的残酷对谁都一样，当每个人怀揣着希望站在事业的起跑线上时，心中的憧憬是一样的。可是，在奔向成功的路上，有人用借口取代了前进的脚步，在借口中享受暂时的安逸，最终却失去了与别人竞争的资本和能力。而那些取得过最佳成绩的人，从来不去找借口，也没有时间闲着，他们总在忙着自己该做的事。

胡小懒很喜欢用别人的经历鼓舞自己，虽然那些成功者距离自己挺遥远的，可那又有什么关系呢？自己从未想过要达到与他人一样的高度，每个人都有自己的人生，只要能成为最好的自己，那就够了。他在一本关于职场的书中，看到了李亦非的故事，感触颇深。

李亦非是维亚康姆公司中国区的首席代表，荣登过《财富》杂志的封面。当年，她从美国回到北京时，还没有工作。恰好，一家银行招聘个人财产管理部经理，她觉得自己比较适合这个职位，就去应聘了。凭着自己出色的沟通能力和在国外的工作经历，她顺利通过了三次考试，就在她觉得胜券在握的时候，没想到却出了点“意外”。

来自美国的经理向她提出了一些非常专业的问题，比如：中国和美国总储蓄额各是多少？私人企业在国民经济总产值中所占的比例？

李亦非没能回答出来。这次经历，给了她很大的刺激。她没有给自己找任何借口，回家后就开始翻阅相关书籍和资料，给自己充电。

不久后，李亦非进入了维亚康姆公司。最初的几年，她的职场路走得也不顺当。一次，亚太地区总裁打电话来，问了她三个业务上的问题，可她竟然一个都没答上来。上司在电话里直言不讳地说："在一家国际大公司做了三年的总经理，这三个数字都答不上来，我觉得很意外。"听到这样的话，她诚恳地说："这都是我的错，但其中两个最新数字，是因为手下做完后急于直接发给新加坡，所以您看到了，而我还没有看到。但是，这三个数字我没记住，确实是我的错。"从那以后，她把各项指标都牢牢地记在心里。她知道，在这样的跨国公司工作，老板要的只是行动和结果，任何借口都是没有用的。出现错误后，最好的解决办法就是直面现实，并及时沟通和改进，以获得他人的理解和信赖。

胡小懒很喜欢换位思考。他觉得，如果自己是李亦非，很可能会感到自己十分委屈，会想办法找借口辩解。也许，这就是差距吧！人家能够如此成功，就是因为不找任何借口。再想想自己，工作的这几年来，在面对错误时，不知道给自己找了多少个借口。可到现在他才明白，自己糊弄的不是老板，而是自己。

平庸的人之所以平庸，就是因为习惯搬出各种借口来欺骗自己。有所作为的人，都是千方百计地解决问题，不给自己找半点儿退缩的理由。甩掉借口，利用现在做一些自己能够做的事，或许就不会厌倦工作和生活，就能变得更积极一点。

借口等于自我束缚

胡小懒从未想过，拖延的借口会与“欺骗”有染——不是欺骗别人，就是欺骗自己。

某天早上，阿威耷拉着脑袋走进办公室，胡小懒在QQ上问：“你怎么像霜打的茄子？”

片刻之后，阿威回复道：“昨天晚上给哥们儿庆祝生日去了，一宿没睡。”

胡小懒心里很想说，真是个不知死活的家伙，昨天老板还嘱咐你赶紧做方案，都火烧眉毛了，你小子竟然还有心思去给人家庆祝生日。当然，他还知道深浅，明白不能在这时候说“风凉话”。他想想以前，自己也跟阿威差不多，白天拖到晚上，晚上却跟朋友出去喝酒。

他正这样想着，老板走进了办公室，直冲着阿威走过去，那样子几近“凶神恶煞”。他以为，接下来应该是劈头盖脸的一顿数落，却没想到事情出现了转机。

老板：“阿威，昨天的方案做得怎么样了？今天能不能交？”

阿威：“老板，真是不好意思，那案子有点问题。我想跟你单独谈谈。”

胡小懒纳闷：单独谈谈能谈出什么？难道不用干活了？五分钟

之后，阿威走出老板的办公室，冲胡小懒来了一个坏笑，似乎是在告诉他——搞定了。他是这样跟老板说的："昨天夜里我奶奶突发心梗，送进了医院，我爸爸出差还没回来，家里就我这么一个男人，可能得经常去医院。如果那案子着急，就只能麻烦其他同事代劳一下；如果能宽限到周一，我尽量这两天再加加班赶一赶。"

若是别的理由就算了，人命关天的事儿，老板也没法说其他的话，甭管消息可靠与否，也得让人家先紧着家里的事。

"你也真够损的，这不是诅咒你奶奶吗？"胡小懒道。

阿威说："我奶奶在天之灵会原谅我的。"

"你昨天下午做什么去了？那案子应该不太难呀？"胡小懒又问。

"唉，昨天状态特别不好，知道晚上有聚会，心一早就飞了。我想等状态好点再做。谁知道，昨天竟然会玩通宵啊！"阿威似乎也并不是不想做。

胡小懒突然发现，拖延真的很可怕，拖延时找个理由说服自己，转身又找个新的理由说服别人。可制造再多、再好的借口又如何？耽误的时间已经无法挽回，该做的案子还摆在那里，给老板的坏印象也已经留下了。

没有完成工作，本身就是自己的责任，与状态不好、参加聚会的直接关系并不大。明明是自己制造了拖延，却宣称是某种障碍阻碍了自己实现目标；面对拖延的事实，不去谴责自己，还认为是其他人和其他事干扰了自己。

已故的社会心理学家查尔斯·R.斯奈德博士，生前曾在堪萨斯大学任教，他发现了一个规律：有些人需要给自己设置一些束缚和障碍。因为这是制造借口最基本的条件，我们所有人都曾有过类似的经历。很少有人会从自身的行为去寻找失败的原因，反倒认为失败是自身的性格导致的。比如，如果时间再充裕一些，我能够比现在做得更好；如果我的性格能够外向一点，我就不会这么害怕与人交往。斯奈德博士说，这些都是借口，都是自我束缚，是人们强加给自己的。

自设障碍，在拖延过程中起到了关键性的作用。曾经有人做过一个自我设限行为在拖延的人身上的表现的研究，研究对象是一群即将读大学的女生。最初，所有的女生都去做那些看起来很难但又有解决可能的测试题。之后，研究人员对其中一半的女生说：“与其他测试者相比，你们表现得很出色。”对另一半女生，则没有做出任何评价。

到了执行第二轮任务时，研究者首先让所有女生自行选择环境：嘈杂的、容易分散注意力的环境，或者是安静无干扰的环境。接下来，又让她们选择不同的任务：发散性题目，或是无须动脑就能完成的题目。最后，她们还要作一个选择：对自己的表现结果严格保密，只有自己知道，或者是把他人对自己的批评公布出来。

结果，有拖延倾向的女生，更喜欢选择有干扰的环境。事实上，在她们做出这一选择时，实验就已经结束了。所有参加实验的女生都相信，她们选择了这一环境时肯定会听到噪音。所以，当她们不能确定自己在第二轮任务中的表现时，她们选择提前设置障碍，选择自我设限。如此，她们就可以为自己接下来糟糕的表现找到一个合情合理的借口。

想想看，生活中的自己，是否也出现过类似的情况：推迟着不做某件事，或者拖着不完成某项需要完成的任务时，也曾试图给自己找个不错的、足以令人信服的借口？一旦失败了，便想着可以借此逃避谴责。

不得不说，这可是一种稳赢不输的自我保护形式。通过归咎于那些难以控制的障碍，在表现有失水准或失败时保存一点颜面。可这么做会不会也有代价呢？当然有！代价很可能就是，让人从此走上了拖延和平庸之路。

所以，不要纵容自己拖延，也不要为自己的拖延找借口，你要学会直面问题，解决问题。要知道，今天你找了一个借口，那么明天你就会再找第二个，从工作蔓延到生活，事事都拖延，处处都找借口。这样的人生，必将一塌糊涂。

不能说的那些“理由”

心理学上有一个视网膜效应，即当我们自己拥有一件东西或一项特征时，我们就会比其他人更注意别人是否跟我们一样具备这种特征。

自从胡小懒发现自己有拖延症之后，他在生活中、工作中经常会留意他人的所作所为，分析判断对方的心理，看他们是不是也有“病”。关于爱找借口这个问题，经过三个月的观察，他总结出了同事们最爱说的几种借口。

1.“我最近实在太忙了……”

“张丽，我前天让你做的报表怎么样了？”

“哦，我做了一些，只是最近实在太忙了，手里还有好几份文件呢！”

忙，几乎是胡小懒在公司每天都能够听到的借口。多数同事都认为，这是最合情合理、最能够博得人理解和同情的理由。事实上，作为旁观者，胡小懒看得很清楚，许多人纯属是“瞎忙”，手头攥着重要的事，却还有心思逛淘宝。到了下班时，事情没做完，当然得加班。加班就变成了“忙”，可实际上，这都是自己造成的。适当地提高点做事效率，比找这样的借口更实在。

2.“为什么不早点告诉我？”

某天，公司召开董事会，老板对办公室主任说：“把需要的材料准备好，下午开会。”

“哎呀，您怎么没早点告诉我，这么短的时间恐怕准备不完，我正忙着做年度总结呢！”

老板什么也没说，扭头对助理说：“你去把董事会的材料准备好。”

助理什么也没说，就去准备了。第二天，老板又让助理写年度总结，她说这事是办公室主任负责的。老板却宣布，她就是新任的办公室主任。

不难看出，找此种借口的人，其实是把自己没有完成任务或是出现 过错的责任推到别人身上，自己却置身事外。这样的人，难当大任，没有老板会重用这样的人。

3.“这事不是我负责……”

“怎么搞的？那笔款项还没结算吗？”

“这事不是我们部门负责，还是问问财务那边吧。”

胡小懒发现，不管是员工还是部门管理者，都经常会说这样的话。这就跟“这件事与我没关系，爱找谁找谁”差不多，只不过，它把个人常用的借口上升到了部门的高度。其实，这样的借口更加可怕，因为小团体意识对公司的整体协作来讲，危害极其严重。

4.“如果……我就……”

“如果时间再多一点，我就能做得更好……”

“如果不是临时开会的话，我就能做完了……”

这样的借口，就是把主观的拖延和自己的责任，推卸给客观环境和其他人，并向人证实不是自己的能力有问题。事实上，这种借口偶尔说一次还能够让人相信，倘若次次如此，势必会影响你在他人心中的形象。因为与你同级、做着同样事情的人很多，他们有可能没有任何借口顺利地完成了任务，一旦他人心中有了这样的对比，必然会怀疑你的能力。

5.“等老板回来再说吧……”

“这件事你能不能现在处理一下？”

“这个……还是等老板回来再说吧！”

等老板来做决定，这是员工拖延的最好借口之一了。把将来可能出现问题的责任推到老板身上，肯定比自己承担或者推给其他人更合适。可是别忘了，老板也很忙，如果他什么事都亲力亲为，那还要员工做什么呢？更何况，等到老板回来处理时，可能很多事已经被耽误了。

胡小懒从别人的身上，也看到了不少自己的影子。不过，当以旁观者的角度来看待这些事时，却能够领悟出不少“精髓”——上述的这些借口最好不要说，你自以为能说服别人，但听者却可能早就猜出了你的心思，老板们不是那么好骗的。

负责的人，不需要借口

拉费尔·凯普说：“没有任何借口是执行力的表现，无论做什么事情，都要记住自己的责任，无论在什么样的工作岗位，都要对自己的工作负责。工作就是不找任何借口地去执行。”

胡小懒发现，渴望战胜拖延的人不少，浑浑噩噩混日子的人也挺多。他身边的朋友中，就有个别人属于后者。就拿张波来说吧，胡小懒每次见面都会调侃他一番：“公司还没把你这颗毒瘤给剔除呢？别祸害人了！你干脆自己主动走吧！”张波倒也不避讳，直接回答说：“我就耗着，混一天算一天，等哪天真混不下去了，我再找‘留爷处’去！”

说来，胡小懒认识张波已经有十多年了。他们是高中同学，论私交，张波算得上是个靠谱的朋友，可他对生活和工作的态度，实在让胡小懒不敢恭维。张波属于那种没什么计划性的人，比如，今天想起做份简历找工作，但刚好有人打电话叫他出去，他马上就会停手，名曰要多出去跟人交流，扩大人脉。很可能，这一出去就玩到很晚，写简历的事就放到了第二天，结果第二天有可能家里来了亲戚，写简历的事就又得往后挪。

有时，手头有点琐事，其实都是顺手就能做的事，但他就是不动，说暂时不用做，要等某某事情出来之后一并处理。在大伙儿都忙着考研、忙着找工作、忙着出国的时候，张波就忙着一件事——恋爱。心宽到如此地步，不知道该说他心态好，还是该说他没追求？不过，谁也没法劝他，因为他的理由很多，听起来还都挺合情合理。

后来，经人介绍，他总算是在一家电子公司谋求到了一份差事。可他对工作懒懒散散，成天念叨：“就拿这么点钱，干什么劲儿啊！”要么就说：“工作是老板的，身体是自己的。”他倒是会心疼自己，分内的事总是干不完，要么请同事吃顿饭，请人家替自己收拾残局；要么就跟老板念叨自己的“难处”，反正不愁没理由。

论工作能力来说，张波并不差，可再好的技术也得踏踏实实做事才行。好几次，客户都投诉公司售后不好，说技术答应了今天来维修，结果到第二天都没去。责任到人才知道，张波自己给自己放假了。责问起来，他却又开始找借口替自己开脱，最后只得不了了之。要不是公司看在他确实有点实力，一天辞退三次也到不了天黑呢！

当然，有时聊得深点，他也会跟胡小懒说：“我知道自己不小了，也想改改这一身毛病，可我控制不住自己，干什么事都没积极性，老想拖着。现在，周围的人都结婚了，像我这样，都没办法对自己负责，要是结婚了，怎么担起养家糊口的担子啊？所以，我女朋友家催了好几次，我也只能说家里房子没装修好，再等等吧！”

胡小懒听过他这番“真情告白”之后，突然觉得，拖延就像一个大包袱，涵盖着太多复杂的心理动机。每个人的情况都不一样，都需要深入探索。Amanda的拖延，是完美主义使然，非要准备得万无一失再开始执行；逃避考雅思的表妹，是害怕被指责；而张波完全是惰性使然，当然其他的小症结也不少。反正，拖延行为是多种因素综合的结果，每个人都有各自独特的原因，必须对症下药，才能药到病除。

张波虽然外表看上去什么都不在乎，大大咧咧，可实际上他的内心也有焦虑。他觉得自己年纪不小了，可无奈做事总是提不起兴趣，无限地拖延，再找借口搪塞或掩盖真实的内心。他觉得，自己很难对自己负责，害怕这样下去生活会一团糟，所以内心也是有焦急和恐惧的。他想改变，却又身不由己，这种矛盾让他很无奈。

其实，对张波来说，他最迫切需要解决的问题是，培养一份对自己、对生活负责的态度。如果对任何事都得过且过，那势必什么都做不好，更别想实现人生的价值。他之所以对什么事都提不起兴趣，就是因为他在潜意识里一直认为——那不是在为自己做。

生活总是会给每个人回报的，无论是荣誉还是财富，条件是你必须转变自己的思想和认识，努力培养自己负责任的态度。记得微博上盛传着一句话："无论做什么，记得是为自己而做，就会毫无怨言。"其实，把一切都当成为自己在做，这就是一种责任心。

对工作，如果能够认识到是在为自己做，自己所得到的并不仅仅是薪水，还有能力的锻炼，品质的提升，以及名誉的提高，那就不会再拖拖拉拉，敷衍了事，找借口胡乱搪塞。对生活，如果能够认识到好与坏都要靠自己经营，那就不会再为自己的懒惰找理由。对爱情，如果能够认识到婚姻是一种责任，一种义务，要对爱自己的人付出，而非一味地索取，也就不会用借口来逃避害怕承担责任的真相。

懈怠、轻视、拖延的人是不会有大发展的，这不是长久的生活态度。要戒除找借口的陋习，就要把承担责任变成一种习惯。跟培养自信心一样，责任心也是可以通过有意识地培养获得的。

1.重视生活中的小事

俗话说得好：习惯成自然。我们只要把生活中的每一件事情都尽心心力处理好，就可养成不拖延的习惯。而当某种思维方式或行动成了习惯后，就不需要刻意执行，也不需要谁来监督。这样我们就是在主动工作，因此，就不会感到麻烦和劳累，这就是心态转变的结果。

2.不要找任何借口推脱责任

为自己找借口开脱，可以说是人类最原始、最基本的防卫机制。然而，有些事情若是自己的错，就必须要承担，不能推卸。而很多人，本该自己做的事，因为拖延没有做好，却把责任推给别人，抱怨别人没做好。找借口也许你可以欺骗别人一次，顺利地蒙混过关，可时间长了，这种做法就会让他人丧失对你的尊敬和信任。因此，出现问题时，真正有效的办法是找到自己的问题，改掉它，努力培养自己的责任感。

3.说过的话要做到

不要草率地给别人承诺，如果做出了承诺，就要努力去实现。亲口答应的事，即便后来你不太情愿，但也要去做，因为这是对别人负责，也是对自己负责。

心不难，事情就不难

趁着十一长假，胡小懒终于鼓起勇气，背起行囊出发了。这一次，他没再说："节假日人太多，等到年假吧！"他也没有说："工资卡上钱不多了，再攒攒吧！"出发前，朋友还劝他别去云南了，找个近点的地方，他也没动摇。

所有人都没想到，就连胡小懒自己也没想到，自己竟然可以有这么大的勇气。从18岁到28岁，他憧憬过太多次"在路上"的情景，可都被各种各样的借口抹杀了。事实上，是他克服不了内心的恐惧，所以才一再给自己找理由退缩。

岁月真是经不起太长的等待。一转眼，快30岁的人了，想去一个地方想了10年，却还没迈出第一步。他突然觉得有点可怕，网上流行着这样的话："一辈子，要有一次说走就走的冲动。再不远行就老了，趁年轻上路吧！"他扪心自问："你到底想不想去？如果这辈子不去，你会不会后悔？"内心的声音是肯定的，想去，非常想去。

胡小懒终于没再犹豫，直接在网上订了机票。以前，为了订机票的事，他也有点紧张。说出来，他觉得有点好笑，长这么大，还从来没有坐过飞机呢！就为这件事，他一直拖延着不行动，希望能给自己找个合适的伴，让人带着他一起出门。可真有人邀请他结伴出游时，他又开始找其他理由搪塞，说自己没钱，没时间，诸如此类。

现在，一切都靠自己搞定，他有点豁出去的架势了。坐在去机场的大巴上，他的心里一阵狂喜，一阵激动。这是他第一次独自远行，当然更重要的是，他即将第一次坐上飞机。在此之前，他已经查了坐飞机的具体流程，虽然心里多少有点紧张，可真的要去做这件事了，也就顾不了那么多了。他想：“反正鼻子下面还有嘴，大不了问！机场的工作人员还是挺有素质的，总不会不告诉我。”

事实证明，没有解决不了的问题。当初预想的那些困难，都很轻松地解决了。他花了五天的时间，得到了一场愉快的旅行，更重要的是，埋藏在心底里的一个愿望终于达成了。这次没有任何借口的行动，给他带来的是自信，是快乐。

归来之后，他写了一篇长长的游记。说是游记，其实更多的是心得，是自己克服困难、拒绝借口、战胜恐惧的感受。他觉得，真的有必要把自己的心得分享到“战拖小组”里，让更多的人知道——只要心不难，事情就不难，想做的事别找借口再拖延。

胡小懒对自己拖延的问题，了解得越来越清楚。对轻车熟路的事，他总觉得很简单，容易完成，所以就拖延到最后期限才去做。对自己没把握、感觉困难的事，他就习惯找借口，迟迟不肯行动。可不管是哪一种拖延，都没给他带来好处。

就害怕困难拖延的情形而言，他发现，想象中的困难远比实际困难大得多。

N年前，在大学读书时，他所在的中文系组织演讲活动，每个班先各自进行“海选”，再推选出合适的人参加系里的比赛。胡小懒觉得，当众演讲实在太难了，一想到自己在演讲时忘词、说错话的情景，他就更害怕了。越拖延越焦虑，最后在“海选”那天，他干脆装病请假。

他顺理成章地逃脱了演讲，落得了一次轻松。可现在回想起来，他也失去了一次锻炼的机会。当年，在系里演讲非常出色的那个女生，如今经常给一些商业活动做主持，且不说人家的成就感，就说人家拿到手里的钱，就比自己多得多。

胡小懒发现，其实人在喊难的时候，往往是自己的心被困住了。心被困住之后，就算再简单的事，也会觉得理所当难。若是心理上不畏惧，纵然事情真的有一定难度，最后也会发现自己其实完全能够应对。

他想起曾经看过的一篇报道，说一位65岁的老妇人，从纽约步行到佛罗里达州的迈阿密。她经过长途跋涉，克服了重重困难，最终抵达了目的地。有记者问她：“路途的艰难有没有吓倒过你？你是如何鼓起勇气徒步旅行的？”老妇人笑了笑说：“走一步路是不需要勇气的。我要做的就是这样，先走一步，接着再走一步，然后再走一步，我就到了这里。”

可见，心不难，事情就不难。老妇人的说法，其实也为畏惧困难而拖延的人们提供了解决之策。

1. 树立信心，保持好心态

很多人都会在困难面前自己吓唬自己，以此作为不完成任务的借口。其实，那个巨大无比的困难是自己给自己设置的，只要摆脱这个障碍，对自己充满信心，再困难的任务都可以完成。

2. 试着把困难的任务分解

面对一项艰巨的任务，你可以试着将其分解。如此一来，你会发现，让你感到困难的并非整个任务，而是其中的某一部分。然后，你要马上去攻克它。等你攻克了这一难关之后，你会惊奇地发现，那些让你深感不安、被不断拖延的事，你只用了很短的时间就解决了。

3. 给自己一些奖赏作为鼓励

在攻克一个难题之后，给自己一点小小的奖励。比如，品尝自己爱吃的食物，看一场喜欢的电影，买一件喜欢的衣服。这些奖励会强化你继续克服困难的行为，强化你对抗困难的积极性，帮助你战胜拖延。

争取一次就把事情做到位

毕业六七年，胡小懒跟奋斗在都市里的小青年们一样，每天都很忙碌。但忙碌了一天又一天，奔波了一年又一年，却总是鲜有成就。很多时候，他都会忍不住问自己：我怎么变成今天这样了？我怎么到现在还是一事无成？我到底做错什么了？

是啊，他究竟错在哪儿了呢？这个问题，还是用他的“所作所为”来回答吧！

每个周末，胡小懒被安排做的家务是洗碗。好心的老妈做了一桌子菜，胡小懒吃得也是津津有味，可到最后收拾残局的时候，他又开始抱怨：“哎呀，做这么多菜干吗呀！收拾起来真麻烦。”他想着饭后睡个午觉，两点起来看球赛。他请求老妈：“我能不能待会儿再洗碗啊？先放到池子里！”老妈干脆利落地说道：“反正早晚是你的事。”

胡小懒倒在沙发上，一会儿就睡着了，睁眼一看快两点了，他赶紧跑进厨房做洗碗工。十分钟之后，他洗完了，哼着歌走到客厅，又倒在沙发上，像多累一样。还没伸个懒腰，就听老妈在喊：“胡小懒，你给我过来！这是你洗的碗啊？下次就让你用这个吃饭！”

“怎么啦？”胡小懒明知故问，他心里其实很清楚，自己刚才洗碗就是在糊弄。老妈指着柜橱里的碗说：“那碗上还有米粒，炒菜的锅也没洗！我就不信你弄不干净，你就是懒。”得，在老妈的监督下，胡小懒只能认真仔细地重新洗一遍。

这一通折腾之后，已经2点多了。胡小懒念叨道：“时间怎么过得这么快呀？球赛都开始了！”老妈说：“你这是自找的！明明20分钟就能做好的事，你非得拖着不做，等时间不多了，就开始糊弄人，最后再返工。你自己算算，哪个更省事？说过你多少次了，就是不改。我看你在家里的样子，就知道你在公司也好不到哪儿去。”

老妈果然有一双慧眼，看问题够犀利。胡小懒在公司做方案，就跟在家刷碗一样，没少返工。每次接到新任务，都是先拖着，等玩够了再说。到了不得不做的时候，时间已经不太充裕，好多细节都被忽略了，最后只得把粗制滥造的东西交上去。

其实，他知道自己的东西是怎么做出来的，心里也没底，但他总拿“没事，不行再修改”的借口来安慰自己。老板也有一双慧眼，客户更是刁钻，胡小懒的方案每次不修改一两次，那就不算完。修改方案可比洗碗难多了，特别是当你的东西被全部推翻时，你就又得重新构思，耗费的时间和精力可想而知。胡小懒也不是没有后悔过，多少次他都发誓：“以后还是好好做吧，不能纵容自己了。”

给自己找借口，让自己心安理得地拖延，最后着急忙慌地赶工，做个“差不多先生”。一次差不多，两次差不多，可时间久了，很多事情就会差得太多。

1999年9月30日，《华盛顿邮报》上登载了一则新闻：美国太空总署（NASA）的火星气候探测船突然失踪，经过紧急调查后发现，原来是工作人员在输入某些资料时，忘了把英制单位数据转换为公制

（如把英尺转换成米）。这些数据的错误，让火星探测船失踪，致使1.25亿美元的火星计划泡汤！

胡小懒回忆过去生活中的一切，发现自己挺没有责任心的。不管做什么事，总喜欢找借口，而不是想着如何提高工作效率，如何解决问题。尤其是在返工这件事上，他发现很多事情他并不是做不好，而是拖拖拉拉，不肯一次就做好。

当然，如果有返工的机会，那还算是好的。最可怕的是，很多错误没有改正的机会。胡小懒又想起公司里的某位经理，在处理一个时间要求非常紧的广告时，审核样稿不仔细，结果发布的广告弄错了一个电话。这看似是个小错误，可却给客户带来了极大的损失，公司的名誉也受到了很大的影响。看到这血的教训，胡小懒发誓要改掉这个恶习。

那么，针对胡小懒以及众多人面临的这个问题，该如何做才能够节省时间和精力呢？

著名的管理学家克劳士比提出了一个“零缺陷”理论，其精髓就是：第一次就尽量把事情做对。当然，“零缺陷”和之前的“完美主义”是有区别的。

很多人都经历过越忙越乱，解决了旧问题又出现新麻烦的状况。结果，在一团乱忙中又犯了不少错误，如此恶性循环，越缠越紧，浪费了大量的时间和精力，本来能按时完成的任务却被拖延了。所以说，第一次就把事情做对，才是最便宜的经营之道。

至于如何去做，克劳士比提出了四大核心理念：

- 确定你的工作目的：为满足客户的要求工作，而不是为自己的主观意愿工作。

- 建立一次就做对的基本准则：不要凡事追求差不多，要努力做好。
- 消除达成这一准则的障碍：消灭工作上的返工环节，特别是思想上不能存在这种想法。
- 最后一条是努力工作：你的认真执行和努力付出，会换来高额的回报。

其实，生活和工作就是这样，当你不找任何借口，一次就把事情做对、做好，那就不会出现各种零零碎碎的小麻烦，影响你的情绪。要知道，有时候我们拖延，除了心理上的惰性，就是因为琐碎的麻烦太多，才想要逃避。

【解读】 你为什么而找借口?

为了拖延一件事，人们会找各种各样的借口。这些借口对改变事情本身来说，完全没有任何作用，它更像一种恶性的催化剂，把原本还有可能成功的事变成“白日梦”。

不过，借口分为很多种，因为人在不同处境下的思想不同，想要达到的目的也不一样。比如，你在迟到和逃避责任时，说出的理由肯定不一样，侧重点也不一样。想要戒除拖延症，就必须得清楚地知道各种借口的类型。

现在，你不妨对号入座，看看下面哪些话是你经常说的，了解一下你因何找借口？为了便于大家更好地理解，增加方法的有效性，我们对应各条借口，逐一配上了解决方案。当你找到了原因，就仔细看看应对的方法。

1.如果你习惯找这样的借口，那你就是真的很懒

- 时间还长呢，晚点开始也不迟，没事儿！
- 真的很累，休息一会儿再做吧！
- 现在一点灵感都没有，什么也做不好，还是等状态好了再说吧！
- 怎么觉得有点不舒服？算了，明天再忙活这点事吧！

针对这种懒惰类的借口，你不妨这样告诉自己：

- 今天有今天的事，明天还有明天的事，赶紧做吧！别找借口偷懒了。
- 是真的很累吗？若不是的话，休息岂不是浪费时间？还是做完了再休息吧！
- 怎样才算“状态好”呢？等有状态了，时间也晚了，一切都来不及了。
- 真的不舒服就吃药、休息，要不然就干好今天的事，明天还有新的安排呢！

2. 如果你习惯找这样的借口，那你就是自卑或太苛求完美

- 现在很多事情都不太明白，还是等彻底弄清楚了再行动。
- 我需要更多的时间来准备一下，不想匆匆忙忙的。
- 我现在的能力还有所欠缺，需要学习，这任务还是交给别人吧，免得被我耽误了。

应对缺乏自信和追求完美的借口，你不妨这样告诉自己：

- 没有做又怎么知道自己到底会不会？有些事，就算现在弄清楚了，也未必能用得着。倒不如一边行动，一边有针对性地学习。
- 怎样才算准备好？要准备多长时间？还是赶紧行动吧！到时候发现哪儿有问题，再想办法解决。
- 也许我现在是不够好，可我必须行动，这样我才能更加清楚地找到自己的短板，想办法去改变。如果这样拖着，才真的会耽误别人。

3. 如果你习惯找这样的借口，那你就是在为自己开脱，寻求心理安慰

- 现在真的没有时间做，就算做了意义也不大，还是别瞎忙了。
- 那么多人盯着这件事呢，就算我没有参加，他们也一样可以处理好。
- 只要能在规定时间交差就行了，现在放松点也没什么关系。

应对这样的狡辩性借口，不妨这样告诉自己：

- 什么时候才有时间做？那时候再做还有意义吗？既然任务交代下来了，肯定是必须完成的。如果没有用，老板也不会让你花费时间去做的。
- 如果大家都这样想的话，那么最后还有人做吗？团队合作，必须得有点责任心。
- 计划赶不上变化，若是中途有什么特殊问题要处理，那还能完得成吗？要是每天按时按量地做事，就算有其他事耽搁，也不会影响进度。

现在，你是不是觉得自己距离胜利又近了一步？继续加油，后面还有更多的疑难杂症等着你去征服呢！

第7章

打造强大的执行力

三流的点子加一流的执行力，永远比一流的点子加三流的执行力更好。战胜拖延，最直接的做法就是立即行动。别把所有的想法都留在脑子里，别让所有的计划都变成纸上谈兵，别试图准备好一切再开始。要知道，谁都不知道明天会发生什么，但只有行动才能决定下一秒和你的未来。

重拾行动力，克服拖延症

曾经，胡小懒觉得自己也算得上是个大忙人。抛开朝九晚五连带加班的工作不说，周末似乎也没闲着，因为想做的事太多。计划着学英语、学游泳、去书店、看著名大学的公开课视频……他理想中的自己，应该比现在优秀很多，这N个计划被他视为从现实到理想的桥梁。

这些计划大概从他刚参加工作时就已经确立了。时隔六七年，真正学会的、真正做到的却寥寥无几。很多事还是在那里乖乖地待着，一动不动。也难怪，工作了的人不比学生，没有那么多专门的时间用来学习，今天公司有临时会议可能就占用了下班时间，周末来一场加班就影响了学习，所以很多事只能是今天缺失的明天补上，被打乱的计划就挪到明天或后天。

说胡小懒没有上进心、不努力似乎也不太对。若没有上进心，他就用不着做那些计划。更何况胡小懒确实背过几天单词，看过几场公开课视频，去过两回书店，只是收获甚微。接下来没多久，他就放弃了原来的计划，他觉得事情越来越多，单词越背越难，时间越来越少，那些任务难以完成。起初，心里还有点焦急和失落，觉得自己费了半天劲，什么也没得到，而别人在做这些事时似乎都很顺利，这让他心理上感觉很不公平。

事实上，真的不公平吗？他静下心来，重新审视自己这一路的经历，发现一切问题还是源自拖延症。那些计划看起来都很完美，憧憬的结局也不错，可是自己的执行力太差，一天一天拖着，最终消磨了自己的斗志，击垮了最初的那点自信心。

有句话说得好："三流的点子加一流的执行力，永远比一流的点子加三流的执行力更好。"任何人都不可能通过思考而养成一种新的实践习惯，只能通过实践学会一种新的思考方式。更何况，很多拖延的人不是在思考，而是在空想。思考的人会一边想一边做，或者想好就做；空想的人是想得很多，做得很少，或者只想不做。思考的人脚踏实地，空想的人却总盼望着奇迹。

通过反省，他发现过去自己一直在演绎着一则可笑的故事。

有个贫穷的农夫，在路上捡到了一枚鸭蛋。每天吃糠咽菜的他，心里非常高兴，想着终于能够改善一下伙食了。可刚要吃掉鸭蛋的时候，他突然想到一个问题：如果把鸭蛋孵成小鸭，把小鸭养大，那么小鸭就会再生蛋，蛋再孵鸭，接着就能得到更多的鸭了。到时候，可以开一个养鸭场，一边卖鸭肉，一边卖鸭蛋。然后，还能扩大工厂的规模，做更多的鸭类产品。

他痴痴地笑着，完全沉浸在自己的想象中。结果，只听见"啪"的一声，他手里的鸭蛋不小心掉在地上摔碎了。他憧憬的一切美好，顷刻间化为乌有。

仔细对照，不只是胡小懒，很多人都能在自己身上发现故事中农夫的影子。计划的巨人，行动的矮子，只幻想如何美梦成真，却没能在努力的路上迈开步伐。当然，也有人迈开了步伐，打算按照计划去实施，可中途却总是随意修改计划，他们总觉得：可能还会有更好的路可走，如果不修改计划，就可能浪费更好的机会。可这一改动，或多或少又会丧失行动力。事实上，世上根本没有所谓最好的路，眼前的这条路还没去走，又怎么知道它不够精彩？

任何一件事，计划得再好，都不如马上去做。至于困难，遇见一个解决一个，最后总能见到成效。看看《把信送给加西亚》中的罗文上尉，他接到了一个任务：把一封具有战略意义的信，送到古巴盟军将领加西亚手里。可加西亚在丛林里作战，没有人知道他在哪儿。但罗文没讲任何条件，历尽艰险，徒步三周通过非常危险的地带，成功地完成了任务，把信交给了加西亚。相比而言，工作和生活中的那些计划，会比罗文上尉要做的事更难吗？

痛定思痛，胡小懒发誓要把曾经夭折了的那些计划，重新提到日程上来。只是这一次，他也要重新拾起自己的行动力，绝不拖延。

快速决定，思虑太多不是好事

拿破仑·希尔曾经说过：“在你的一生中，你养成了一种习惯：逃避责任，无法做出决定。结果，到了今天，即使你想做什么，也无法办得到了。”

遇到问题犹豫不决，拖拖拉拉，考虑得太多，往往会错过很多重要的东西。丹麦哲学家布里丹写过一则寓言故事：一头毛驴在干枯的草原上找到了两堆草，这明明是一件好事，可小毛驴却为此犯了愁：到底该先吃哪一堆呢？它左思右想，翻来覆去地琢磨，迟迟不去作选择，结果被活活饿死了。后来，人们就把决策时犹豫不决的现象，称为“布里丹效应”。

患有拖延症的人，往往都有决策困难症。之前我们曾提到过胡小懒一个叫罗莉的同事，总是做出策划案要老板选择，看电影也要别人选择，自己从来不敢作决策，十分畏惧失败和错误。对于像罗莉这样的有决策困难的人，胡小懒心里一直有个疑问：他们犹豫不决，是不是跟时间的紧迫感和个人缺乏竞争力有关？

这样的问题，心理学家多年前就已经开始关注了。为此，他们还特意研究了犹豫不决的人和果断的人做事时的状况。实验是这样的：请拖延的人和果断的人把一副纸牌中红色和黑色的纸牌分开，然后再把黑、红、梅、方四种牌分开，并记录他们完成任务的时间，以及给纸牌分类过程中的准确率。与此同时，心理学家还让所有人在分牌的过程中，时刻注意白灯的情况，一旦白灯亮起，就要以最快的速度按下按钮。在进行了100次的实验后，心理学家要求所有参加者看见白灯亮了，就按下按钮；看到红灯亮起，就不按。

最后，心理学家得出结论：决策型拖延的人，在竞争力方面，并不比那些行事果断的人差，他们也可以有效地工作。当他们必须要做出决定时，在速度上与果断的人基本上是一样的，而且准确率也差不多。换句话说，拖延的人并不缺乏迅速做出决定的能力，而是他们自己选择了放慢速度。

在《万恶的拖延症》一书中，作者谈到：频繁地作决定给优柔寡断的人带来的伤害，要大于对果断的人的伤害。这就是说，优柔寡断的人在作了一定数量的决定后，就很难继续作其他决定了，可果断的人却不会受到作决定的数量的影响。

犹豫不决的人之所以恐惧作决策，是因为害怕犯错，害怕判断失误。其实，这纯属一种心理症结，因为任何人都不喜欢失败的感觉，对失败多少都会心存恐惧。可这并不意味着就要放弃作决策的权利，拖延作决策的时间。要对抗这个问题，唯一的办法就是打破恐惧，然后学习如何做出更加明智的决定，降低自己犯错的概率。

约瑟夫·费拉里对如何作决策提供了一些简单有效的建议。他说："对我们所有人来讲，做出每一个决定都不容易，大到正确的投资、选择新的职业，小到买哪个品牌的冰箱，都不是一件容易事。但是，如果你用对了方法，即使棘手的事情也可能会变得简单。"下面，我们就一起看看费拉里的建议。

1. 限制选择的数量

当面临的选择过多时，优柔寡断的人会加剧作决策的恐惧和困难。因此，要避免这个问题，就要尽量缩小自己的选择范围。比如，根据各种选择的性质和特点，把所有的选择分成若干的小组。如果你正考虑换一份工作，那不妨把工作分为两类：全职和兼职。然后问问自己，到底是想要一份自由一点的工作，还是想要每天待在办公室里？有了第一个选择后，再在其中进行划分，直到得到自己满意的答案。

2. 权衡一下利弊

作决策实际上就是做出一种选择，而选择就意味着有得有失。要想让决策更加理智，减少后悔和遗憾，不妨列一个利弊清单。比如，你不知道该在郊区买个便宜点的大房子，还是在市区买个贵点的小房子，那就分别把两种情况的优势和劣势都写下来，对比一下。在权衡利弊时，要谨慎考虑，比如小房子的面积是否够用，郊区的房子周围的配套设施是否能满足你的要求？搬到郊区住，是否还需要购车？考虑清楚了，作决策就不难了。

3. 不要太过心急

凡事不拖延，并不等于要匆忙作决策，而是要在收集了重要信息后迅速做出决定。当然，你也没有必要收集所有的信息，这有点不太现实，只要差不多就行。之后，以信息为基础，用理性战胜感性，做出的决定应该就会比较可取。

4.不要瞻前顾后

一旦做出了决策，那就顺着这条路走下去，不要左顾右盼。要知道，很多拖延的人之所以没能坚定地做好一件事，就是因为总后悔，做出了一个选择，还想着另外一种可能。这是非常不可取的，向前看才是正确的态度。

5.记录所有的想法

当你在采取行动时，脑海里肯定不时地会冒出一些奇怪的念头，阻止你现在的行动，让你停下来。所以，每次出现这样的想法时，一定记得把它记录下来，知道自己的症结在哪儿，然后逐一去消灭。纵然失败了，也没什么大不了，至少你已经找到了问题所在，也已经尝试过了。

Just do it！一分钟也不要耽搁

拖延症的出现，往往不是单一因素诱发的，而是心理与行为多重因素影响的结果。

胡小懒发现，公司里每天都有不同的人因为不同的事，重复着同样的问题——拖拉。

综合部的马蕊，因为工作任务不太重，经常迟到早退。行政部主管几次提醒她，做事积极点儿、麻利点儿，可每天交代给她的事，从来都没提前完成过，总得不停地催她才会开始去做。结果气得主管只能甩下“片汤话”：“你愿意干就干，不愿意干就走人，别影响大家。”

业务部的张迪，业绩平平，也不怎么努力。别人费劲地联系客户，虽然不那么顺利，可也努力地做着。张迪却总是看着电脑发呆，要么就一直打114，查询一些公司的电话，查到了之后就写下来，那记录本上的内容倒是记得很详尽，但就是积攒了N个电话，却没打出去几个。总听他私下里念叨：“遇见那种不讲理的客户，拿起电话就一顿数落，好像自己得罪他了一样。不如查查电话，积累点资源吧，实在不想打电话联系客户，真有点不想做了。”

策划部的李曼，每天都在胡小懒耳边抱怨：“好烦啊！什么思路都没有，再这么下去就得神经衰弱了。”事实上，整个部门里就数她最轻松，做的案子最少。起初还有人愿意帮她，可到最后大伙儿发现，她其实就是懒，想拖着少干活，混到月底拿工资。

……

这样的故事，对谁来说都不陌生。也许，某个人的某种行为，映现出的是我们的过去或者是现在。对该做的事，他们总是找出各种理由、各种借口拖延，同时又以没有真正放弃来获得自我安慰。一方面他们对自己拖拖拉拉的毛病很不满意；另一方面却又不肯改掉这个恶习，一直都在被动地等待。

要消除拖延，最好的办法就是现在就做。在开始一项工作前，面对空白的内容和计算机屏幕，任何人都会觉得非常有挑战性。对一件事情而言，开始往往是最难的可又是必须的。一旦真的开始做了，创意就会不断涌现，思路也会慢慢清晰，越是拖着不做，就越是想要逃避，心里越是烦躁。因此，在接到新任务时，立刻采取措施，切实地行动起来，消除内心里那些“等一会儿再看吧”“明天再做”的意念。列出自己的行动计划，此时此刻就去做，一分钟也不拖延，才能慢慢地戒除拖延的毛病。

胡小懒曾经接触过一位艺术家，他非常勤奋敬业，每一个闪现在脑海中的想法，他都不会轻易放过。在产生新的灵感时，他会马上用随身携带的笔把它记下来，哪怕是在被梦惊醒的深夜，他也会自觉地坚持这么做。这种做法对他而言，已经成了非常自然的习惯，他从来没觉得有多难做到。对艺术家的这种工作态度，胡小懒深感佩服。

对此，艺术家坦言，自己曾经也有过拖延的问题，但最后他发现：越拖延越恐慌，其实你一旦去做了一件你一直拖着没去做的事，内心会非常充实和有成就感，甚至会喜欢上这项工作。千万别等一切条件都具备了再行动，因为工作这件事从来就没有万事俱备的时候。不管是谁，都不可能等所有外部条件全部完善了再做事。在既有的条件下，我们仍然可以把事情做到极致。因为，行动本身可以创造有利的条件，只要行动起来，就能带动我们着手做更多相关的事情。

胡小懒尝试了几次，迅速而有效地采取行动，确实感觉不错。他在做事的过程中，会给自己规定一个期限，并在此期限内努力完成每一阶段的任务，不去想自己所做的事难度有多大。这样一来，完成工作的速度比事先预计的速度快很多，而且，工作的难度似乎也比想象中小得多。工作完成后，他有一种奇妙而深深的满足感，与过去加班熬夜、敷衍了事相比，这种感觉实在太好了，它会让自己增加信心，让自己更愿意主动去做事。

偶尔，在做一项工作时，会因为其他事不得不中断手头正在做的事，这时，胡小懒会选择完事后继续原先的工作。过去的经验告诉他，如果一件事做到一半中断了，再继续的时候会有一种强烈的抵触情绪，会加重拖延的心理。

现在，不管什么时候，只要胡小懒觉得可恶的拖延症在向自己贴近，让他缩手缩脚，他就会马上告诉自己：“不要拖延，马上行动起来。只要一开始行动，便很快就能完成任务。”然后，他就会立即行动起来。事实证明，此招屡试不爽。

重要的事情别拖到最后

人都有一种习惯，会根据事情本身的轻重缓急选择不同的策略。这个思路显然没错，但在这种思想指导下，很多重要而不紧迫的事，往往因为时间要求不那么急，被一再拖再拖。

以胡小懒来说，接到新案子时，他最先想到的就是看资料，因为这件事最简单、最不费脑子，而到底该用什么方式来诠释内容，他却一直拖着不愿去想，还用“放松找灵感”的说辞来麻痹自己。最后，看资料用掉一多半的时间，创意却敷衍了事，交上去的东西连自己都不满意。后来，他在“战拖小组”看到了一个故事，由此回想起自己的过往，他才发觉自己犯了一个很多人都会犯的毛病——忽略了什么是重要的事。

那个故事的情节是这样的：

某堂课上，教授要求学生们做一个实验：准备一个广口瓶、三分之一瓶的沙粒、四块石头和一些水，然后试着把这些东西全都放入瓶子里。同学们议论纷纷，有人先把水倒进去，然后放进沙砾，最后放石头。可是，刚放进两块石头，水就溢了出来。还有人先放沙砾，后放水，最后放石头，但石头还是无法都放进去。

教授笑着做了一个示范。他先把石头放进广口瓶，然后顺着石头缝隙放进沙砾，最后再把水放进去。意想不到的事情发生了，本来放不进去的那些东西，现在刚好装满了瓶子。

对于这个实验，教授解释说：“同样的空间、时间，安排不同，结果就不同。生活和工作也是一样，要学习、要做事，还要休息和娱乐。如果不做计划，想起什么就做什么，很可能就忘了重要的事，最后弄得自己措手不及，甚至加班熬夜也做不完。反过来，如果把要做的事都列下来，先做重要的事，然后做次要的，没时间的话，那些可做可不做的事就干脆不做了。如此，生活才会又充实又有意义。”

其实，很多时候我们拖延并非因为时间不充裕，而是分不清事情的轻重缓急，把时间和精力浪费在那些不太重要的事上。当所有的事情交织在一起，如果你无法在第一时间准确判断事情的轻重缓急，并妥善处理，那么你的工作就是在浪费时间、浪费生命、浪费青春。

小事要忙，但要放在主要工作之后。小事如果带来的效益不大，而你却在上面耗费了大量的时间，做出来的工作就相当于用很高的成本，获得了最小的收益。工作的主线，生命的主线，就是引导你方向的“指路灯”。你抓住了主线，就相当于跨着大步向目的地迈进了。

胡小懒的大学同学阿豪，如今已是一家网站的专栏作家。他有个习惯，每天早上五点起来阅读和写作。提及这个习惯，他说：“实在找不到更好的时间来做件事了啊！阅读和写作，是我一天中最重要的事，所以就安排在每天的第一个小时。而且，早上写作还有一个好处，当读者醒来时，新文章已经送到他们面前了。如果每天早晨给人带来一个启发，让他们有个好的开始，对于一个作家来说，是再幸福不过的事了。”

一天24小时，对谁来说都一样。虽然阿豪睡得比较少，可他的时间还是不太够用。他把阅读和写作放在第一位，自然有些事情就得被安排到后面，比如回复E-mail。他说，自己是最差劲的回复者了，寄给他的E-mail，常常要一周或两周后才能得到回复。因为E-mail对他来说，是投资报酬最低的事，所以只能留到有空的时候再处理。

他的这个做法，与很多拖延的人不同。大多数拖延的人，上班第一件事往往就是刷微博、上QQ、回私人E-mail。轻博客的创始人David Karp声称，他10点以前从来不收发E-mail，如果有要紧的事，他们会打电话或传简讯。减少收发E-mail的时间，能够完成更多更重要的工作。

那么，如何才能知道一件事是否重要，并且快速优质地完成重要的事项呢？有人提出了三步计划：

第一步，估价。用目标、需要、回报和满足感这几项内容，对你将要做的事进行一个估价。

第二步，去除。去除你不必要做的事，把要做但不一定非要亲力亲为的事委托给别人。

第三步，估计。记下你为目标所必须做的事，包括完成任务要用的时间，谁可以帮助你完成任务等一系列的内容。

严格按照这个思路来做，就能时刻保持一种等不起的紧迫感，那些至关重要却不紧迫的事，才不会被我们置于“说起来重要，做起来次要，忙起来不要”的境地。

优先处理最讨厌的工作

有时候，人拖着迟迟不肯行动，并不是因为懒惰，也不是因为不想努力，可能是这项工作让他觉得不愉快，或者是繁杂得令他感到厌烦。

对胡小懒而言，他最讨厌做的事就是数据分析。中文系出身的他，从入学那天开始，就已经与数学彻底绝缘了。每每看见数字和图表，他就觉得头大，没有丝毫兴趣和耐心。可工作就不一样了，在了解产品的时候，总免不了对一些诸如市场占有率等指标的分析。唯有了解客户需要什么，才能挖掘出吸引人的点，做出有针对性的方案。所以，他的拖延有很大一部分原因也是因为碰到了要分析繁杂的数据资料。

胡小懒发现，很多同事也存在类似的问题。比如张迪，他就是讨厌给客户打电话，所以宁肯在记录本上写上满满一页，也不愿意动手拨几个号码。打电话频率低，就成了他业绩平平的主要原因。行政部的助理最讨厌统计每个月的考勤，感觉又费力又麻烦，所以每次的考勤报表她都会拖到快发工资的时候才去做。

可问题是，身在职场，再不喜欢这些事也得硬着头皮去做，始终逃避不了。马克·吐温曾说："每天早上先把最恼人、最讨厌、最大的事情解决掉，这样一天之中你就不再需要为那件事情烦恼了。我们常常会有鸵鸟心态，把恼人的事情留在后面处理，但那反而会让我们无法专注地处理其他事情。”

其实，很多时候，被厌恶的那些事情往往是最有用的。对胡小懒来说，了解客户需求，抓住诉求点，这显然是创意方案的精髓；对业务张迪来说，打电话与客户沟通，才有可能拿到订单。人一辈子最大的敌人就是自己，妨碍成功的是各种陋习，而这些不良习惯都是源自每个人内心的“舒适区”。要戒除拖延的习惯，就要每天尝试着去做一些自己不太喜欢的事，慢慢地养成习惯。

胡小懒的邻居胖哥，与他年龄相仿，每天早上都会慢跑五千米。前几年，那家伙得有180斤，常听他老妈念叨：“每天早上赖在被窝里不起，叫上好几遍才动窝。让他锻炼锻炼，就是不听，说别提多讨厌跑步了。”那时，对胖哥来说，长跑就是天方夜谭。

到底是什么改变了他？要说，这爱情的力量就是大。胖哥喜欢上了一位姑娘，可因为自己胖，有点自卑，他不好意思去追，只好决定减肥。他想起马克·吐温说的一句话：“每天去做一点自己心里并不愿意做的事情，这样，你便不会为那些真正需要你完成的义务而感到痛苦，这就是养成自觉习惯的黄金定律。”胖哥备受鼓舞，发誓先坚持晨跑一个月。

这确实是一份苦差事，从家门口跑到2.5千米外的地方，就已经让胖哥气喘吁吁了，等返回来的时候就更难受了。有时候，胖哥会很畏惧每天的早起，腰酸背痛的劲儿实在让他吃不消，可他没忘记那喜欢的姑娘，想想自己减肥成功后的样子，他就咬牙坚持住了，强迫自己跑了一个月。

都说21天能养成一个习惯。一个月后，胖哥没那么讨厌跑步了，起床也不像从前那么艰难了。随着时间的推移，一切变得越来越容易，越来越自然。最后，胖哥竟然不自觉地开始渴望晨跑，开始享受那种大汗淋漓的感觉了。

再后来，胖哥从180斤减到了140斤，整个人看起来精神多了。外表的转变，给他带来了自信。他鼓起勇气向那位姑娘表白了，最后人家还是没答应，胖哥虽然有点失落，可他倒也没太伤心，因为自己找回了自信，改掉了懒惰的陋习，这也算是不小的收获。

改变不良习惯，抛开让自己沉溺其中的“舒适区”，对每个人来说都是一份苦差。胡小懒不喜欢数字，可他现在也强迫自己去玩数读游戏，去看财经报道，刻意去做一些数据分析，以慢慢消除自己对数字的抵触情绪。一段时间后，他发现自己在做数据分析时，没那么烦恼了，而且他总是习惯优先去做数据分析，因为做完这件事之后，剩下的事就都算是自己比较喜欢的了，心理上会感觉轻松不少，拖延的情况也好了很多。

可见，告别“舒适区”也并非那么难，只是一开始的坚持不太容易，当把它变成习惯之后，你就会适应它，甚至喜欢它。

每天做点自己不太喜欢的事，与自己的恶习抗衡，不因为心理上的厌恶而拖延，这是人生很重要的一项自我修炼。谁能够做到，谁就是真正的强者。而今，胡小懒正在朝着这个方向努力，正在靠近他理想中的人生。

多点定性，不要虎头蛇尾

一个农夫早上起来，告诉妻子他要去耕田。当他走到自家田里时，发现耕田机没油了，就打算去加油，突然，他想起家里的猪还没有喂，于是立刻转身向家走去。途经仓库的时候，他看到那里有几个马铃薯，他马上想到地里的马铃薯可能正在发芽，就转身向马铃薯田走去。在途中，他看到木材堆，又想起家里需要一些柴火。正当他要去取柴火时，他又看见一只生病的老母鸡在地上……这么一折腾，他来来回回跑了好几趟，从日出到日落，油没加、猪没喂、田没耕，什么事都没做好。

虎头蛇尾的经历，生活中几乎每个人都有过，只是没有故事中描写的那么夸张而已。

胡小懒上学时，也有那么一两个瞬间，心里萌生过强烈的上进心，想要用功读书，想要努力爱上那些真心不喜欢的课程，但结果都半途而废了。刚参加工作的时候，他十分迷茫，很快他便觉得自己找到了方向。于是，他开始为了那个目标努力，坚持了几个月后，他发现结果没自己预期的那么好，于是，就失去了当初的热情。

胡小懒起初并没觉得有什么问题，可随着时间的推移，当他把自己与那些小有成就的朋友比较时，才发现自己差得太多。而导致差距的原因，正是因为自己没耐性。很多事都只是开了个头，然后就没了下文。

拖延症患者有一个致命伤，那就是缺乏执行力。他们缺乏常性，浅尝辄止、半途而废成了习惯，因此他们很难把一件重要的事做完。这就如同一个人挖了无数口水井，可都没有挖多深，因此，也一直都没有见到水。

工作和挖井是一样的道理。没有坚持不懈的韧劲，做事有始无终、东拼西凑、拖拖拉拉，能取得什么成绩?

美国的一位成功学家的演讲，曾经讲述过这样一个故事。

多年前，克里斯的邻居打算在树上钉一块隔板，他便过去帮忙。他对邻居说："你应该先把木板锯好再钉上去。"说完，克里斯找来了锯，没锯两三下他就把木板扔到了一边，说要把锯磨得快一些。接着，他又去找锉刀。找到锉刀之后，他又想给锉刀安一个顺手的手柄。为了做手柄，他又跑到灌木丛找小树，砍树需要斧头，无奈之下他又去磨斧头。磨斧头得固定磨石，他又开始想制作支撑磨石的木条。做木条还需长凳，没有一套齐全的工具可不行。于是，他又跑到村里找需要的工具，这一走，就再也不见他回来了。

克里斯就是这么一个人，说他闲吧，可他比谁都忙。说他忙吧，可他又什么都没做好。当初，他废寝忘食地学习法语，可要真正掌握法语，必须彻底了解古法语。而学好古法语的基础，又是全面掌握和理解拉丁语。然而，学拉丁语，又不得不接触梵文。最后，克里斯就一头扎进梵文的学习里，可惜效果不怎么理想。

克里斯没拿过什么学位，他的祖辈留下一笔钱，他先是用10万美元投资办了一家煤气厂，可因为煤炭太贵，他亏了不少钱。后来，他以9万元的价格转让了煤气厂，办起了煤矿。没想到，采矿机械的耗资太大，他不得不把在煤矿里拥有的股份变卖成了8万美元，转入煤矿机器制造业。从那以后，克里斯就像是一个内行的滑冰者，在各种行业中滑进滑出，没完没了……

乍一看，他还真是忙活了不少事，可实际上，他真正做得好的，又有多少？

拖延的人没有韧性、浮躁、不懂坚持。当其他人看到拖延的人的种种表现时，自然不会有什么好印象。就算是有合适的机会，可谁愿意把它交给一个做事不靠谱的人呢？因此，拖延的人自然很难成大事。抗击拖延，不仅要行动，更要行动彻底，这无疑考验着人的心性。

赶走那些负面的情绪

仔细想想，工作就跟人生是一样的，时而平坦，时而起伏，时而幸福，时而悲伤。在起伏不定、遭受悲痛的时候，人最容易丧失意志力，而这也是拖延症最容易缠身的时候。

胡小懒正在奋力做着一个新项目，他摒弃了以往的懒惰和找借口的恶习，从接到任务的那一刻开始，就绷紧了脑子里的那根弦，希望能给自己、给老板、给客户带来一份满意的策划案。这是多么良好的一个开端啊，胡小懒都为自己感到骄傲，可就在这个节骨眼上，老天似乎想要再多考验考验他，非得整出一点小意外不可。

他正踌躇满志地干着手里的活，老板却告诉他，上一次通过的策划案，客户又挑了点毛病，需要再修改一下。胡小懒听了，心里刚燃起的激情顿时被浇熄了一半，他觉得一件事被中途打断实在太难受了。尽管老板说可以先做手头的工作，然后再处理以前的方案，但胡小懒还是感到很不舒服。

接下来的几天，他虽然和之前做着同样的事，但心里始终觉得多了一个沉重的包袱，严重地影响着他的情绪，让他对手里所做的事也感到厌烦。到了第三天，他变得焦躁起来，觉得事情太多、太杂，开始埋怨起那位挑刺的客户，状态和刚开始时完全不一样了。按照计划，手里的新案子到这时候应该差不多结束了，可因为坏情绪的干扰，他又拖了两天。这样的结果，对正在战拖的胡小懒来说，无疑是种打击。

其实，对任何人来说，战胜拖延症都是一场不容易取得胜利的战争。胡小懒遇到的这种情况，在生活中很常见，因为工作中意外的事太多，谁都无法避免。如果你是领导，难免不会遇到不服管的下属；如果你是客户，难免遇见不靠谱的合作者；如果你是业务员，难免遇见难缠的顾客；如果你是员工，难免不会临时被差遣去做自己不喜欢的事。

然而，这就是工作，它不可能随人的心愿而改变，对待这些事情，唯一的办法就是：改变自己，改变态度。当你的态度转变了，行为也会跟着发生变化。

有人说过这样一个故事：一个大石头在山上待了几十年，日晒雨淋，饱经风霜，始终无人问津。它周围那些不起眼的小石头，却纷纷被带到了广场或是工地上。它心里很不平衡，心想："我的身躯如此庞大，做什么不可以呢？他们竟然不知道我的价值！"大石头矗立在采石广场上，满脸都是傲气。

小石头逐渐都被人带走了，运石料的车路过它的身边总是绕道而行，根本没人理会它，大石头感到有点寂寞。一天晚上，在电闪雷鸣中，大石头忽然听见一个深沉的声音："要想走到更广阔的地方，就要改变自己，超越自己。满足于现在的伟大，你永远都是最渺小的。"

"那我该怎么做呢？"大石头不解地问。

"你看看那些小石子，它们的前身并不比你小啊！他们为了目标，改变了自己，这才是真正的伟大。”

大石头似乎明白了。随着“轰”的一声巨响，它裂开了，变成了许许多多的小石块。随后，这些小石块随着其他石料一起，被人们发现了，被带到了更远、更广阔的地方。

改变不了世界，就努力改变自己。改变不了事情本身，就改变看待事物的态度。当自己的心态转变了，你就会发现很多障碍也能成为独特的风景。千万不能计较那些小事，更不要焦虑眼前不如意的事，否则，情况就会越来越糟糕，很容易诱发拖延症。

幸好胡小懒在那次事情之后，仔细地反省了一番。他觉得，自己之所以拖延了新项目的方案，并不是因为有一个旧方案要修改，而是自己的心太浮躁。再说，老板的要求是做完手里的事后再修改旧方案，并未让自己同时进行，旧案子和从前一样，也不过是放在那里，唯一的区别就是自己知道了它的存在。所有的干扰，所有的负面情绪，都是自己的心态问题，根源在于自己不想修改旧方案，讨厌修改方案这项工作，这种厌恶和焦躁的情绪，影响到了自己。

回头想想，确实有点不值。工作本来就是做不完的，也不可能完成一个项目后就彻底与它“绝缘”。这是文案策划的工作性质，是任何人都无法更改的事实。既然还要继续做这份工作，那就要适应它，改变自己对各种意外情况的态度。

所以，当你着手进行自己该做的事时，就要一气呵成地做下去，如果中途有点小意外，不要太在意，就把它们当成一种考验心智的小测试，不要让情绪受到太大的干扰。专心处理好手里的事，再去处理这些小意外，就能有效地避免拖延，这也是高效做事的方法之一。

【解读】 如何收回你的注意力?

习惯拖延的人，自制力往往都比较差。他们很难遏制住自己的冲动，外面有点风吹草动，心就跟着飞了，而这些问题恰恰是导致拖延症的主要因素。

身处这个日新月异、变幻莫测的世界中，几乎每天都有新奇的观念、思维、面孔出现，无时无刻不在吸引着众人的眼球，让人完全忽略它们的存在是不可能的。拖延症患者手里总有一堆等着处理的事，他们原本就有懒惰和厌烦的情绪，当看到那些新奇的事物时，注意力更是无法集中了。三心二意的做事方式，自然会让拖延恶性循环。

要缓解和避免拖延，最重要的是收回自己的注意力，把精力全部放在自己应该做的事情上，让一切逐渐恢复正常，按照既定的计划和时间进行。其中，有一个非常重要的环节，就是减少干扰的数量，时刻提醒自己要集中精力。具体来说，可以遵循两大原则。

1. 多关注自己的内在世界

通常，我们在接受一件新事物时，首先是外在的刺激不断地重复，然后逐渐将其内化。随着时间的推移，外在的支持逐渐消退，这一事物完全内化为自己的观点、看法和习惯。收回注意力的方法也是如此，要先通过外部支持不断强化集中精力，最后变成自己自动自发的行为。

五光十色、千奇百怪的事物层出不穷，我们如果沉浸在其中，很可能就迷失了自己。所以，我们要想办法把视线从外部世界收回来，转向自己的内在世界。多一点自律，多一点自我交流，帮助自己坚定目标，调整情绪，监督自己的行为。

2.反复强化内心的目标

很多时候，拖延的人内心也希望自己能够踏实地做事，出色地完成任务。可问题是，他们在做事时很容易走神，往往因为一些其他事而忘记了自己既定的目标。比如，原来计划今天要写五千字的文章，可刚写了一千字，突然想起朋友推荐的一本书与之相关，于是匆忙地打开网页，寻找连载。看完之后，又发现旁边还有其他同类书籍的连载，一路又看了下去。就这样，大半天过去了，还是只写了那一千字。虽然他并非有意拖延，但结果还是拖延了。在查找书籍时，他就已经完全忘了自己要做什么。对于这种问题，最有效的办法就是要给自己设定提醒，告诉自己在什么时间、什么地方该做什么，防止自己无意识的拖延。设定提醒的方法很多，简单列举几个：

（1）贴上便条

在自己眼光所及的地方，贴上一些便条，提醒自己什么时候要给客户打电话，什么时候要收发E-mail，什么时候要上交报告，什么时候要统计报表……这些事项时常在你眼前出现，久而久之，就算你不看这些便条，也能记住什么时候该做什么事，让你不至于沉浸在刷微博和玩游戏中而忘了重要的事。

这些便条，可以贴在你的电脑桌上，也可以贴在床头、洗手间的镜子上，或者干脆夹在钱包里。尤其是每天需要做的事，更要保证你经常能看见，做到时刻提醒。

（2）设置提醒闹铃

现在手机功能都很先进，可以随时设置一些提醒。比如，什么时间要开会，什么时间是某位友人的生日，都可以在手机上进行提醒设置。每到一个时间点，它就会提醒你接下来该做什么了。比如，每月25号下午，你要开始统计考勤，那你不妨在每月25号的下午1点钟，设置一个提醒事项：做考勤。到了25号，就算你正忙着做其他事，有闹铃的提醒，你也不会忘了。

（3）找人监督

有一些拖延的人严重缺乏自制力，不管做什么事，都是三心二意，脑子和视线很容易被其他事物牵着走。如果你属于这种人，那么最好的办法就是找一个外在的支持者来监督、引导你。这个外在的支持者可以是你的家人、朋友、同事，或者是与你“同病相怜”的人。

第8章

有目标的人，才不拖延

如果生命是一场旅行，那么目标就是指引方向的灯塔。心中有了目标，就有了前行的方向，就有了行动的力量。习惯拖延的人，缺少的往往就是一个坚定的目标，所以才会迷迷糊糊，胡拼乱凑地生活。克服拖延顽疾，就要找寻到这股神奇的力量，让它指引着我们前行，把梦想变成现实，告别一事无成、浑浑噩噩的人生。

有什么样的目标，就有什么样的人生

哈佛大学曾经进行过一项著名的跟踪调查，被调查的人是一群智力、学历、生活环境都差不多的青少年。从600份调查报告中发现，27%的人没有目标，60%的人目标模糊，10%的人有清晰的短期目标，3%的人有清晰的长远目标。

长达20年的跟踪研究结果显示：3%有清晰的长远目标的人，20年来始终朝着这个方向不懈地努力，而他们几乎都成了社会各界的顶尖成功人士。10%有清晰短期目标的人，大都处于社会的中上层，他们有一个共性，那就是不断地实现短期目标，稳步上升，成为各个行业里不可或缺的专业人士，比如律师、医生、工程师等。目标模糊的那60%的人，基本上都处于社会的中下层，安安稳稳地工作，没什么特别的成就。剩下的那27%的没有目标的人，几乎都处于社会的最底层，生活很不如意，经常失业，靠救济金生活，总是怨天尤人。

胡小懒发现喜欢拖延的人基本上都属于那27%里的人，没有任何目标，包括他自己。

回顾工作的这几年，他之所以平平庸庸，是因为他从来没想过自己要在事业上达到一个什么样的高度。心中没有方向，很多事也就没有了必须要做好的强烈欲望，只图一时的舒服和快乐，能拖延就拖延，能偷懒就偷懒。

有些人就不同，刚一入行就把目标定在了总监的职位上，哪怕当时的他还只是一个不起眼的小职员，可每一步都走得很扎实。胡小懒还曾经“鄙视”过人家，觉得他们小题大做。可几年之后，他发现愚蠢的人是自己，当年的小职员如今已经跳槽到了另外的企业，距离他想要的职位只有一步之遥了。

赫伯特曾经说过：“对于盲目的船来说，所有风都是逆风。”胡小懒不想一直迷茫地走在没有目的的路上，他设想了一下：按照过去的那种状态，心里没有什么目标，过一天算一天，那么几十年之后，自己肯定还是没有什么出息和成就，甚至可能混得还不如现在。这个结果，他不愿意相信，也不愿意接受。活了一辈子，好歹总得留下点什么才行。

他想起著名的女游泳健将弗罗伦丝·查德威克，那个世界上第一位成功横渡英吉利海峡的女性。

1952年7月4日清晨，当时已经34岁的查德威克从卡塔林纳岛出发，她试图穿越卡塔林纳海峡，到达21英里之外的美国加利福尼亚海岸。如果成功的话，她将创造另一项世界纪录。

这天早上，大雾蒙蒙，她几乎看不清护送她的随从船队和人员。海水冰冷刺骨，冻得她浑身发麻，她咬紧牙关挺着，时间一小时一小时地过去了，成千上万的观众在电视机前看着她，为她加油助威。大约15个小时之后，她感觉浑身疲惫，又冷又累，快要支撑不下去了。

她发出呼喊，让人拉她上船。这时，她的母亲在船上告诉她，距离加利福尼亚海岸已经很近了，不要放弃。可是，她望着前面，除了大雾什么也看不到。她又坚持游了半个多小时，终于在15小时零55分钟之后，她筋疲力尽，随从的保护人员把她拉上了船。浓雾散去后，她才发现，自己上船的地方距离海岸只有半英里的距离。

那是她长距离游泳生涯中唯一的一次失败。事后，她对采访的记者说："我不是为自己找借口，如果当时我能够看到陆地，我想我一定能够坚持下来。"两个月之后，她再一次尝试，并成功地游过了这一曾经让她失败的海域。

人若没有目标，就失去了斗志，更会失去约束自我的自律能力。生活中，谁都难免会受到各种事物的干扰，谁也无法阻止外在环境的变化。如果内心没有一个坚定而明确的目标，就很难保持一种自律的状态。相反，如果给自己树立了一个坚定而且明确的目标的话，不论它是大还是小，容易或是困难，至少可以让自己把那些分散的力量集中到这个目标上，有了专注的焦点，就不会松松散散，就不会轻易找借口拖延，更不会任由自己浑浑噩噩。

现在，胡小懒的心中已经树立了一个信条：有什么样的目标，就有什么样的人生。接下来，他要做的就是找到目标，努力实现。

别瞎忙，有一个明确的目标

忙碌有时候像是一杯醉人的毒药，让人沉溺其中无法自拔，习惯了被那些不知道从哪里冒出来的事情塞满每一天，却懒得思考、规划自己的生活。

工作后，胡小懒和多数上班族一样：整天忙着开会、打电话、写文案，一刻不得闲。晚上躺在床上精疲力竭，第二天睁开蒙眬的睡眼，又要奔波忙碌，周而复始。可他发现，自己每天这么忙，可心里一点成就感都没有，有时甚至想不起来自己曾经做过什么。不知道从何时起，他已经完全陷入了瞎忙的状态里，忙得没有效率，忙得没有成功，忙得一无所获。

如今反思，才知道根源就是没有目标、没有终点，忙了半天都是无关紧要的事，重要的事却一拖再拖，或者说自己从来就没有找到生命中那个最重要的点。反观那些有着长期目标并不断为之努力的人，他们的人生中似乎从来没有过拖延的字眼。目标早就在他们的心里扎了根，他们要做的只是一步一步按照计划行事，所有努力都是为了早点抵达终点，根本没有心思琢磨如何偷懒，更不可能去荒废时光。所以，胡小懒也没什么可埋怨的。

大海里的航船，必须要知道靠岸的码头在哪儿，才能明白哪个方向是顺风的。做人也如是，有目标才不会迷茫，才能让行为有明确的方向。有了目标，才能知道自己要做的事哪件重要，哪件不重要，才能检讨自己的行为哪个正确，哪个不正确。

道理大家都懂，可胡小懒不明白的是：自己曾经也有过目标，但为什么自己还是在人生道路上原地踏步，没能阔步迈进呢？对此，心理学家也进行过研究。他们发现，虽然每个人都有自己所期望的目标，但期望的持久度和强度不一样，这将直接影响到他们的行为结果。

当期望强度为零时，人心里其实是很抵触自己的目标的。不喜欢甚至厌恶一件事，还可能努力去把它做好吗？显然，拖着不做，放慢速度去做，就成了必然的选择。

当期望强度为50%时，人心里对于目标是一种可有可无的状态。这就会导致开始可能会努力尝试，但只要遇到一点困难或者是有一些外界干扰就会放弃。像胡小懒这样，背上一周单词，骑车锻炼两天，就把目标抛到脑后的情况，实际上还是他对实现目标的渴望程度不够。

当期望强度为99%时，人心里对于实现目标是非常非常渴望的，可即便如此，那剩余的1%依然是一个不确定因素，甚至也会在执行过程中，让人冒出退缩的念头。因为实现目标的过程中，很可能会遇到各种各样的麻烦和不可预测的困难，如果没能在那1%的意外面前坚持住，就无异于“五十步笑百步”。

当期望强度为100%时，人心里对于目标的态度是不惜一切代价，要排除万难去实现它。有了这样的决心，成功是早晚的事。

可见，一个人能不能在某件事上取得成功，完全取决于他的期望强度有多大。看到这里，胡小懒发现确实是这么回事。当年，自己背托福单词时，只是抱着尝试的态度，期望值估计连50%都够不上。骑车锻炼的目标，也跟背单词差不多。至于工作的问题，自己根本就没有过什么期望，只是后来发现了自己有拖延的毛病，才坚定了一下要改变的决心，但事实证明，好几次他都败给了那1%，没能坚持到底，彻底击退拖延。

现在，胡小懒迫切需要给自己设立一个明确的目标，而且是长期的目标。可是，究竟该怎么做呢？他还要寻求一些帮助。

书，永远都是最好的老师。成功学大师拿破仑·希尔强调，在为生活设立目标的时候，一定要回答三个重要问题。

第一，我是谁？

通过一段简单的文字，说明你是谁。不过，在这个练习中，你不要写姓名、年龄、学历、地址、简历，以及平时你最喜欢用来形容自己的词语。你要重新审视自己，说明“你是一个什么样的人？”

第二，我在这里做什么？

这一生，你希望自己能够做出什么贡献？让自己的生活变得更加富足？让生存的世界更美好？为自己写一个喜欢的座右铭。用简练的语言表达出，当你离开这个世界时，世人会怎样谈起你。

第三，我的目标在哪里？

在前两个问题的基础上，用一个简单的句子归纳出你一生追求的目标。

拿破仑·希尔认为，当一个人确立了自己的目标后，他就会有非常广阔的发展空间。比如，实现事业上的目标，会给你带来经济收入，能满足你深层次的精神需求，让你体会到生活的意义；实现个人与家庭关系的目标，就能够让你的生活变得更加温馨、幸福。

当然，在制定目标时，有一些事项需要特别注意，这对于抗击拖延、提高执行力有绝对的好处。

1. 目标要明确

制定的目标一定要具体、详细，不能太模糊。比如，不能说我的目标是赚钱，你要强调的是打算赚多少钱，你准备利用什么样的方式、花多长时间赚到。

2. 目标要可以衡量

目标究竟怎样才算得上是完成？你要给自己制订一个标准。这就好比做一盘菜，色香味俱全才算得上成功，如果仅仅是做熟了、能吃，那就算不上是成功。

3. 目标要现实

白日做梦、好高骛远，只不过是给自己制造障碍。目标要结合自身的条件来制订，要切实可行。如果再怎么努力都够不着，那就不要浪费精力。

4. 目标要有挑战性

不要设一些轻而易举就能实现的目标，要学会给自己制造点压力，制定的目标至少要踮起脚才能够得着。这样的话，才能让你慢慢学会离开“舒适区”，不畏惧冒险和不确定的未来。

有了明确的目标之后，你要做的就是相信自己可以完成它们，利用积极的心理暗示督促自己不拖延、按计划行事。当你实现了一个目标之后，别忘了再制订一个。

什么目标都需要“Deadline”

任何目标都需要设定一个实现的期限，这就是我们常说的“Deadline”。如果不设期限的话，心中就没有Deadline越来越近的紧迫感，目标很可能会被束之高阁，而自己则拖拖拉拉不肯行动，理由很简单：“反正时间还多着呢，着什么急！”

时间与生命对等，我们在花费时间的同时，就是在不断地消耗着自己的生命。只不过，有人在时间与日俱减的时候，收获了美好的未来。有目标的人，从不怕吃苦，他们心中有强烈的愿望，会为了自己的目标付出巨大的努力，孜孜不倦，直至达成自己的目标。可是，生活中还有很多人没有明确的目标，也没有一个实现目标的时间计划，他们只是在脑海里憧憬自己梦想成真后的样子。

胡小懒曾问过一个网友：“你这辈子最想做什么？”

网友说：“我的梦想有很多，最主要的有两个。一个是开一家属于自己的公司；另一个是送爸爸一辆车，让他带着我的母亲去旅游”。

这想法听起来跟胡小懒的目标颇为相似，胡小懒心想：看来我真是个俗人，一点儿创意都没有。所谓理想，就是大家眼中的幸福生活。言归正传，胡小懒觉得这哥们儿的目标不够明确，连个完成期限都没有。

“你想开一家什么样的公司啊？有准备了吗？大概几年能实现？”

“就开一家中等规模的旅游公司吧！公司太小没什么收益，太大了我又没有那么多的时间和精力。至于期限嘛，这个说不准，反正我会努力的。”

“那你打算送你老爸一辆什么车？什么时候送给他？”

“送一辆越野车吧，让父母可以开车到各处去旅行。这个也说不准，肯定要在我开了公司以后才能有机会给我爸爸买车。”

胡小懒“哦”了一句，没再说话。他想开公司，但没有给自己设定年限。给他爸爸送车，也只是个假设：如果自己开了公司，就送给爸爸一辆车，让他可以开车到处旅行。但是他到底哪一年才能开公司呢？明年、后年，还是五年以后？没有时间限制，那么一辈子也可以，这样目标就只是目标。他开了公司之后，父母是否还能够自驾旅行？现在需要做什么准备？都是未知数。

其实，问网友的那些问题，他也多次问过自己。他突然觉得，生活中很多人不是没有理想，也不是不想奋斗，只是没有可行的计划。那些听起来还不错的目标，其实一点都不具体、不详细，也没有时间的规划，只是一个笼统的概念，怎么可能实现得了呢？

目标与时间密切相关，没有实现的目标仍然只是个梦。有了目标，你就要想方设法缩小自己和它的距离，而时间也是相当紧迫的。不给自己定期限，目标永远都是“待实现”的状态，都只是一个理论上的状态。或许，开始实践的道路很难，但是有了合理的计划和安排，迈开第一步后，你就会发现这条路越走越宽，而不是长期在一个小胡同里转来转去，看着别人羡慕不已。

如果你跟那位网友的状态差不多，那么现在你不妨问问自己这些问题：

- 我最大的目标是什么？
- 为了这个目标，我需要付出什么样的代价？
- 我的目标大概多少年才能实现？
- 我在向目标前进的途中，有多少可以预见的困难？
- 我需要提前做好什么样的准备，准备多长时间？
- 我的目标会不会过高，可以从哪些事情入手？
- 我的目标有没有一个详细的计划？实现每个计划大概需要多长时间？
- 我在实践的过程中遇到挫折，是否需要调整自己的计划？或者改变目标本身？
- 从现在起，我该做哪些事情，时间该怎样分配？
- 我会找到哪些人帮助自己？
- 如果到了预计的时间还没有实现目标，会用多久来调整自己的心态？

别小看这些问题，它们都是实现目标不得不思考的事。当然，你不能只是想一想就算了，还要把它记在心里，提醒自己时刻保持清醒的状态，不要拖延，更不要稀里糊涂地瞎忙。

记住：你是自己的主人，你有权利支配自己的生命，你想让自己活得更加精彩，就不要犹豫，从现在开始，拿起手中的笔，把自己的历程记录下来，给自己的目标一个期限，让自己的时间支出得有理有据。直到有一天，你发现走过的每一步都是如此珍贵，是它们让你越来越坚定，越来越努力，从而看清了自己，改变了人生。

专注眼前，做好每个步骤

过去，每逢周末或节假日，胡小懒就感觉彻底解放了。早上睁开眼，想起不用挤公交，不用看老板严肃的面孔，可以美滋滋地赖一会儿床，他觉得自己是世上最幸福的人，惬意极了。起床后，慢悠悠地洗漱、吃早饭，然后上上网、玩会儿游戏，去超市溜达一圈，什么事情也没做，稀里糊涂地一天就过去了。

假期一过，又到了工作日，他才突然觉得后悔：为什么周末不多看会儿书呢？还说今年要读30本书呢！本来打算花三个月学会Photoshop呢，买来了教程还只看了几页！所有的目标都堆在那里，只开了一个头，完成了一小部分，还剩下N个小目标……实在有点灰心。

胡小懒的问题出在哪儿？不是没有计划，也不是没有把目标分解，而是没能按部就班地执行计划，没能专注于眼前，做好该做的那一步。

其实，实现目标最聪明的做法，就是按部就班地做下去！这就如同戒烟，如果你只想花一个月的时间戒掉抽烟的习惯，那不如告诉自己“一个小时又一个小时地坚持下去”。事实证明，很多人用这种方法戒烟，成功的比例比其他方法都高。因为，这个方法不是要求他们下定决心永远不抽烟，而是要求他们下定决心不在下一个小时抽烟。当这个小时结束后，只需要把决心放在下一个小时就行了。当抽烟的欲望逐渐减弱时，就将不抽烟的时间延长到两个小时，然后再延长到一天，最后实现完全戒烟的目标。相反，那些一下子就想戒掉烟的人，失败的概率非常大，因为心理上的感觉受不了。忍耐一小时容易，忍耐一辈子可就太难了。

著名的作家兼战地记者西华·莱德先生，曾经在1957年4月号的《读者文摘》上撰文表示，他收到的最好的忠告是，继续走完下一里路。文中，他写到这样几个情景："在第二次世界大战期间，我跟几个人被迫从一架破旧的运输机上跳伞逃生，结果迫降在缅印交界处的树林里。当时，我们唯一可以做的事，就是拖着沉重的步伐往印度走，这段路大约有140英里，那时正值八月，酷热和季风所带来的暴雨不断地侵袭着我们。刚走了一个小时，我的一只长筒靴的靴钉扎了另一只脚，到了傍晚，我的双脚都起了像硬币大小的血泡。就这样一瘸一拐的，能走完140英里吗？其他人的情况也没比我好多少。我们以为完蛋了，可又不得不走。为了在晚上找个地方休息，我们没有其他选择，只能硬着头皮走完下一英里路……"

"几年前，我接了一个差事，每天写一个广播剧本，到目前为止，我一共写了2000个。如果当时签一份'写2000个剧本'的合同，我肯定会被这个庞大的数目吓坏，甚至拒绝去做。好在只是写一个剧本，接着又写一个。几年之后，就这样日积月累我真的写出了这么多。"

"当我推掉其他事情，开始写一本25万字的书时，心里一直很焦躁，甚至放弃了一直引以为荣的教授尊严，也就是说几乎想不干了。

最后，我强迫自己只去想下一个段落怎么写，而不是下一页，也不是下一章。整整半年的时间里，我除了一段一段不停地写以外，什么事情也没做，结果居然真的写成了。”

事实上，这就是托马斯·卡莱尔所说的：“最重要的事情就是不要去看远方模糊的事，而要做手边清楚的事。”这个做事原则对每个人都适用，成功不能一蹴而就，只能一步步地走向成功。我们前面讲到要把目标细分，目的就是让人按部就班地去执行，以免形成过大的心理压力。

在实现目标的过程中，要按照计划逐一去完成那些分解之后的小目标。不管这个环节是容易还是困难，都不要考虑太多。你要做的就是，专注于眼前的这个小目标，当你完成这个小目标后，马上投入到下一个小目标中去。

这就像钟表的秒针，一年要摆动三千二百万次，这听起来真是一个非常巨大的数字。可实际上，它只要每秒滴答一下，一年过去之后，就完全能实现这个目标。所以，当眼前有许多任务要完成时，千万不要用终极的大目标来吓唬自己，你只要专注于眼前的每一步，循序渐进地一点点地完成阶段性目标，全力以赴，不拖延，不敷衍。尽管当时看来走过的路只是很小的一段，但你只要一直坚持，当你回头看的时候，就会发现自己已经走过了很多的路。这些路，在你决定一步一步走之前，看起来非常遥远，可现在竟然在不经意间走完了。

尽管高效率要求在最短的时间里实现最大的价值，可并非每件事都如此。有些事，不可能一蹴而就，必须一点一点地去实现。可再遥远的路，只要一步一步走下去，就会离终点越来越近。人拖着不肯行动，往往是因为缺乏自信和没有战胜惰性的勇气。

如果你始终站在原地，过了几年之后，你会发现，很多人都走到了你的前面。你会纳闷：他们是怎么做到的？是不是有什么捷径？事实上，什么捷径都没有，他们只是专注于眼前，然后一步一步向前走。这个时候，目光要放得近一点，不要去看、去想以后的事，认真抓住现在，做好现在，把每一个成果串联起来，就是你想要的那个结果。

一次只专心做好一件事

心理学家爱德华·哈洛威尔做过一个形象的比喻："一心多用就像是打网球时用了三个球，你以为你能面面俱到，以为自己的效率很高，可以同时做两件或者多件事情，实际上不过是你的意识在两个任务之间快速切换，而这每一次切换都会浪费一点时间、损失一些效率。"

胡小懒之所以会拖延，除了懒惰等原因外，还有一个重要因素就是他想得太多了。这一秒还在琢磨着怎么创意，下一秒就跳到了周末的游泳课。他时常心不在焉，很难快速开始去做一件事，有时甚至根本不知道自己在做什么。他还有个习惯，去图书馆看书非要带上MP3，打开收音机当伴奏。其实，他也知道这样会降低自己看书的效率，可他还是忍不住这样做，生怕错过了电台里的好节目，希望能从中找到给自己带来灵感的东西。

说到底，他就是想做的事太多，以为自己能够应对，结果什么都耽误了。胡小懒从不知道，这些做法其实是违背人类的自然本能的。神经学家发现，人的大脑通过语言通道、视觉通道、听觉通道、嗅觉通道等来处理不同的信息。每一种通道，每次只能处理一定量的信息，超过了这个限度，大脑的反应能力就会下降，非常容易出错。

本来，你专心致志地背一天单词，可以记住50个，但你非要戴上耳机听着广播，那么你的注意力偶尔就会被广播分散，影响你背单词的效率。一天下来，你可能就只记住了25个，剩下的25个，自然又得拖到明天去记。放大来说，人生有太多的牵绊，年龄越大牵绊越多，如果你总被很多不必要的目标所左右，人生中很多重要的事也会被耽误。

我们都知道佛家以坐禅来修身，而坐禅就是专一，就是要求心无杂念，如果心中想得太多，目标太多，尘世纷扰太多，就容易被影响，根本就做不到心无旁骛。所以，找到一件自己喜欢的、想做的事，专心地去做，这样就能有效地防止被干扰。

20世纪80年代，国内有一位知名画家，擅长画花鸟鱼虫类作品。他16岁的时候，成功地举办了个人画展。后来，他的作品被选送到美国、法国等国展出，被人誉为“天才画家”。年纪轻轻，就获得了铺天盖地的荣誉，很多人以为他会自满。不过，这位画家依然坚持自我，该如何作画还是如何作画，不为名利所动。

一次画展上，有位年轻人问画家：“你取得了这么大的成就，这一路走来，是不是感觉挺艰难的？我想知道，是什么样的力量支撑着你，让你从众多画手中脱颖而出？”

画家微笑着说：“原本，我是很难成为画家的。当时，我喜欢画画，也喜欢游泳、打篮球，父母希望我能全面发展，我也有这样的想法，还希望各方面都有所成就。可就在这个时候，我的老师找到了我。”

“他拿来一个漏斗和一把玉米种子，让我把手放到漏斗下面接着。老师把一粒种子放到漏斗上，那粒种子很顺利地滑到了我的手里，如此再三，结果都一样。接着，老师把一把玉米种子都放到了漏斗上，但是因为玉米种子相互拥挤，一粒都没有滑落下来。”

“老师告诉我，人生目标太多，会得不偿失。他要我找到一件自己最喜欢的事情，然后全身心地投入。为此，我放弃了很多爱好，全身心地投入到画画中来，才有了今天的成绩。”

选择如何运用注意力，看起来微不足道，可实际上这直接影响着你的精神状态和工作效率。要摆脱拖延症、告别低效能，就必须学会在同一时间内减少大脑里装载的东西。

培养专注力的方法有很多，冥想就是其中之一。这是源自古印度的一种放松方式，它能够让人摒弃杂念，集中注意力。另外，如果你感觉自己做事效率低下，有拖延的倾向，那不妨停下来小憩一会儿，可能你只需要闭目养神五分钟，就能够缓解大脑的疲劳，恢复精神。

总而言之，不要让大脑从这件事到另一件事来回地跳跃，更不要试图在同一时间做很多事，这是提高效率最有效的做法。

把大目标分解成小目标

歌德曾经说过："向着某一天终要达到的那个目标迈步还不够，还要把每一个步骤看成目标，使它作为步骤而起作用。"

1984年，东京国际马拉松邀请赛上，名气不大的山田本一出人意料地夺得了世界冠军，让所有人都大吃一惊。有记者问他凭什么取得了这样好的成绩，他说了一句：凭智慧战胜对手。当时，很多人都说他这是故弄玄虚。谁都知道，马拉松是体力和耐力的比拼，身体素质好，有一定的耐性，才可能取得好成绩。他说用智慧取胜，似乎有点勉强。

两年后，在意大利国际马拉松赛上，山田本一再一次获得了冠军。记者让他谈一谈经验，他说的还是那句让人摸不着头脑的话：用智慧战胜对手。

10年后，这个谜在他的自传里被揭开了。其实，他在每次比赛之前，都会乘车把比赛的线路仔细地看一遍，把沿途比较醒目的标志画下来。比如，第一个标志是银行、第二个标志是棵大树、第三个标志是一座红房子……就这样，一直画到终点。比赛开始后，他就以最快的速度奋力向第一个目标冲去；抵达第一个目标后，他再朝着第二个目标冲去。四十多千米的赛程，被他分解成了一个又一个的小目标，轻松地跑完。一开始，他把目标定在四十多千米外的终点线上，结果跑到十几千米处就累得不行了，因为前方的路还很长，这把他吓倒了。

也许，你觉得这样的故事距离我们太遥远。可实际上，这不过是一个道理，运用到生活中，每个人都能够创造出奇迹。

几年前，胡小懒在户外俱乐部认识了丁伟。当时，丁伟刚刚上大学，两人一见如故，交谈甚欢。谈及各自的理想时，胡小懒说："如果有机会的话，我想开一间咖啡馆。"说这番话时，俨然是一副文艺青年的模样。丁伟说："我现在的理想，就是四年之后到美国读心理学。"

胡小懒进入了广告公司，成了一名文字工作者。四年间，虽然他每天也买书、看书，可开咖啡馆的想法却渐渐淡了。丁伟曾经问过他："开一间咖啡馆大概需要多少资金？要开在什么样的地方？"这些问题，胡小懒其实从没有真正地思考过。丁伟喜欢心理学，在这几年里，他攻读了第二学位，每个周末还去新东方上课，努力学习外语。

光阴似箭，4年之后再相聚，胡小懒唯一的变化就是工资比以前高，能驾驭多种广告文案的风格了，其他方面没什么大的收获，咖啡馆的事就更遥远了。丁伟顺利地拿到了美国一所知名大学的offer。胡小懒很羡慕对方，可又觉得这是人家应得的。他也曾经做过出国梦，但仅限于做梦，没有付诸过任何行动。

丁伟的日志上，写着这样一句话：有时，我们觉得理想太遥远，是因为把它看得太大了。如果把它分解成一个个小目标，做起来一点也不难。等小目标都做完了，大目标也就实现了。

这番话也许只是他的一点心得，但对胡小懒来说，却似醍醐灌顶。

后来，胡小懒在网上看到了一篇名为《你真的想要一间咖啡馆吗》的帖子，里面字字句句直戳他那颗并不强大的心。

“如果你问他，那你打算什么时候开咖啡馆？你打算在哪里开你的咖啡馆？你最想去的地方是哪里？这些都是没有明晰答案的。我们总是相信生活在别处，梦想中的生活一定会更美好，但其实我们什么都没有做过。”

“如果开咖啡馆是你想要的生活，那么你就需要勇气从无到有地去开一间咖啡馆，有勇气面对一开始的惨淡流水。咖啡馆就像一个释放人生理想的平台，美丽、温暖、令人向往，向往着要开咖啡馆的人生往往拐了很多弯，却始终没有到达这一站，人生啊，去了别的地方。”

此刻的胡小懒，显然已经去了别的方向，从咖啡馆走到了广告公司，很可能还要一直走下去。现在看来，当初自己说的“开一间咖啡馆”其实算不上什么目标，只是逃避现实的一种憧憬，如果真的打算将此列为今生的一大目标，那么从现在开始，就得像丁伟一样，把实现目标的过程分解，切实地完成每一步的小目标。

提及分解目标，这也是个技术活儿。常见的分解目标的方法主要有以下两种。

1. 剥洋葱法

剥洋葱法，就是把目标视为一个完整的洋葱，一层一层地剥下去，把大目标分解成若干个小目标，再把这些小目标分解成更小的目标，直到具体到此时此刻做什么。实现目标的过程，是循序渐进的，是从低级到高级、从现在到将来、从小到大的。而我们设定目标时，恰好与之相反，要从将来到现在，从大目标到小目标。

把梦想变成现实的第一步，就是要确定你的大目标。然后，把这个目标具体化，使它成为你人生的终极目标。接下来，把这个总体目标分解成5年到10年的长期目标，然后再进行分解，把每一个长期目标分成若干个2年到3年的中期目标，再把每个中期目标分解为若干个6个月到1年的短期目标。最后，把每一个短期目标分解成月目标、周目标、日目标，甚至分解到此时此刻你该做什么。

每天不拖延、按时地达到目标并不难，这种成功的喜悦，会给你不断地增加动力，让你看到自己在朝着目标靠近。这样下去，你的兴趣会越来越浓，信心会越来越足，改掉拖延的成功率也会越来越高。当然更重要的是，你会慢慢找到人生的方向和奋斗的意义。

2. 多叉树法

多叉树法，从字面意思理解，就是一棵大树有若干个分枝，每个分枝上还有更小的树枝，树枝上还会有再小的树枝，一直到叶子。我们的人生目标就如同树干，每一级小目标就相当于每个树枝，我们现在需要去做的细微之事，就像树上的叶子。

大目标和小目标之间的关系应当是逐层递进的，每个小目标都是实现大目标的条件，而大目标则是小目标完成的结果。如果所有的小目标都实现了，那么大目标也就实现了。

你不妨写下自己的人生大目标，思考一下要实现这个目标的条件是什么？然后，把实现目标的必要条件和充分条件列出来。完成这些条件，就是达成该大目标之前必须首先达成的小目标。每一个小目标，就是大目标的第一层树杈。

接下来再思考要实现这些小目标的条件是什么？接着，再列出达成每一个小目标所需要的必要条件与充分条件。这样就会变成各个小目标的第二层树杈。

如此类推，直到画出所有的树叶，就算完成了这个目标的多叉树分解。每个目标最后都可以被描绘成一棵枝繁叶茂的大树。

从叶子到树枝，再到树干，不断地问自己，如果这些小目标都能实现，大目标一定会实现吗？

当你能够从容自信地回答“是”的时候，意味着这个分解已经完成。如果回答是“不一定”，那就证明所列出的条件还不够充分，需要继续补充。一棵完整的目标多叉树，就是一套完整的达成目标的行动计划。所以，目标多叉树，也被人称之为“计划多叉树”。

评估与修正目标的法则

胡小懒曾经设立过许多目标，大大小小几十个，可最后实现的却寥寥无几。回顾过去，他发现并非都是因为自己懒惰耽误了事情，而是很多目标现在看来实在不靠谱。他还发现，跟自己一样存在这个问题的人不在少数。

记得我们在前面曾经提到过类似的问题，设定目标时一定要注意的一些事项，比如目标是否切合实际，是否可衡量等。现在，我们就具体来谈一下，如何评估你的目标是否合理，以及教你如何判断自己的目标是否已经达成?

先来说说目标评估，它包括两方面的内容，即目标合理性的评估和计划可行性的评估。这两项评估的核心，是对目标大小的评估。

第一，当目标多叉树分解完成之后，如果发现在限定的时间内根本没办法完成树叶所代表的工作量，就表明你设定的目标可能太大，需要适当地做出调整。

第二，当目标多叉树分解完成之后，如果发现在限定的时间里非常轻松地就能完成树叶所代表的工作量，甚至还有节余时间，那就说明这个目标太小。

如何判定一个目标是否达成了呢？这里推荐两种方法。

1. 充要判断法

把目标进行多叉树分解后，如果列出的条件仅仅是必要条件，那么就算是小目标全都达成了，大目标也未必能实现，只是可能达成。如果列出的条件，是充分且必要的条件，除了必要条件外，还有各种辅助条件，那就表示，只要小目标全部达成了，那么大目标就一定会达成；如果小目标全部达成了，而大目标不一定达成，就证明在分解时可能忽略了其他条件。这时候，要立即进行补充，直到条件完全充分为止。

2. 直接判断法

对每一个目标来一场自问自答。下面有一些问题，括号里是达成目标的标准答案，你不妨根据自己的答案进行判断，看看自己的目标是否能够达成?

Q1：我为什么要达成这个目标?（写出十条以上理由）

Q2：我有多渴望达成这个目标?（意愿强度100%）

Q3：我如果无法达成，会怎么样?（不成功便成仁）

Q4：我愿意为这个目标付出什么样的代价?（愿意付出任何代价）

修正目标的五个原则

二十几年前，胡小懒常听父母念叨：“哎呀，谁谁谁家是个万元户。”那时候，谁家要是攒够了一万元钱，就算是步入有钱人的行列了。所以，父母那时候的理财目标就是省吃俭用，当上万元户。二十几年后，别说万元户，就算是百万元户，也未必能买得起一套合适的房子。爸妈现在的目标就是攒够养老钱，给胡小懒凑个首付。

看，这世界变化有多快？可见，当时制定的目标，在未来的几年、几十年里，所依据的现实条件很可能会发生意想不到的变化。

类似的事胡小懒碰到过很多。当初高考填报志愿时，很多人都直奔计算机专业去了，说这是热门行业，绝对有前途。可毕业后才发现遍地都是计算机人才，除非你特别优秀，否则还不如其他专业的学生吃香，因为计算机已经从一个新生事物发展成了大众化的办公工具。有的人认死理，就死守着这行，拖拖拉拉找不到工作，在“毕业就失业”的旋涡里挣扎；而有的人就干脆转了行，拿计算机专业知识作为辅助，反倒小有成就。

这世上唯一不变的就是变化。外界环境在变，实现目标的过程中出现了意外，我们就不能原地踏步，要学会立刻做出反应，调整自己来适应变化。那么，如何保证让自己的目标不中断，不被无限地拖延下去，最后化为泡影呢？这里有五项基本原则：

1. 修正计划，而非修正目标

英国有句谚语说得好：目标刻在石头上，计划写在沙滩上。这就是说，目标制订好了，不要反复地修改，否则，很可能会让你做事有头没尾，一事无成。但是，实现目标的计划却可以根据情况随时调整，正所谓条条大路通罗马。一条路上遇到了太多阻碍，行不通的时候，不妨换一条路来走。

2. 修正达成目标的时间

要克服拖延，自然要尽可能按照限定时间来完成任务。但如果中途出现了意外，增加了工作量，那不妨适当地给自己一个宽限。需要注意的是，不能太过放纵，倘若时间太过宽裕的话，也有可能因为心理上的松懈，导致惰性心理的出现，诱发拖延。

3. 修正目标的量

其实，走到这一步的时候，已经是在压缩最初的目标了。很多人年少时梦想着做画家、医生，可随着年龄增长，就开始不断地压缩梦想，从画家变成设计师，从医生变成护士。可等真的长大了，这些梦想可能已经被压缩成了“我要考上个差不多的学校，找个差不多的工作”。于是，从前的梦想全都被压缩没了，从胸怀大志变成了胸无大志。

所以，不到万不得已的时候，最好不要用压缩梦想的方式来适应残酷的现实。我们要做的，是不惜一切代价，努力寻找新的方法去改变现实，实现既定的目标。

4. 坦然地放弃目标

对任何一个渴望成功的人来说，放弃都是一件残酷的事。因为放弃了，就意味着失败。然而，对于真正的成功者来说，这个世界没有失败，只是暂时还没成功。只要不服输，成功总有一天会到来。

5. 重新面对新目标

重新面对新的目标时，最好不要重复上面的过程，而是应该永远重复第一步：修正计划，修正计划，再修正计划，直到成功。

【解读】 如何快速地实现目标?

很多人都有过类似的疑问：到底怎样做才能快速地实现目标？

事实上，这个问题我们在前面几节中，已经明确地回答过了。现在，我们就把前面所讲的内容串起来，做一个系统的总结，而这也是快速达成目标的“妙方”。

1.知道你的主要人生目标是什么

所谓的人生目标，应当是你终生所追求的目标，你生活中其他的一切事都要围绕着它而存在。要找到这个重心，就要问问自己，我是谁？我想在这一生中获得怎样的成就？临终回顾往事时，让我感到最满足的是什么？生活中哪一类的成功让我最有成就感？

多问几次，多回答几次，记下你的所得，起初可能感觉意义不大，可慢慢地多尝试几次，或许你就能找到自己的终极目标了。

2.用一个简单的句子表达出你的目标

在这一点上，职业的选择是你要重点考虑的问题。比如，你可以问自己：“我现在做的事能够帮助我实现人生目标吗？”如果答案是否定的，那你可能要考虑换一份职业了。如果换工作不实际，那你可以再问自己：“有没有一种方式能让这份工作与我的目标联系起来？”

这个答案，很多时候都是肯定的。

3.着手考虑人生规划中的具体细节

你需要有一个详细的职业发展规划，这个规划可以是三年计划，也可以是五年计划。不管它属于哪一种时间范围的计划，它至少要保证能回答下面的几个问题：

（1）我要在未来的三年到五年内实现一些什么样的目标？比如，做到某一个职位，达到多高的薪资水平，在怎样规模的公司就职等。

（2）我要在未来的三年到五年内掌握一些什么样的技能？比如，要掌握CAD制图，要会运用数据库，要学会一些必要的财务知识等。

这些问题的答案，会给你提供一份有关自己短期目标的清单，这样，你就知道接下来要做什么了。

4.策划一下如何达成上述的短期目标

就上面的短期目标而言，你需要回答自己这些问题：

（1）我要通过什么方式来学习CAD、数据库和财务知识？

（2）是否需要花一些资金去参加培训班？现在的资金是否充足？

（3）牺牲一些什么样的娱乐时间？

（4）身边的哪些人能够给我提供一些帮助？

（5）为了让自己顺利学习，我需要排除哪些干扰因素？

5.把梦想变成切实的行动

可以说，在所有的步骤中，这是最难的一步，因为你必须抛弃所有的幻想，毫不拖延地开始行动。良好的动机，只是确立和实现目标的一个条件，但绝非全部。如果动机不能转换成行动，它就永远是一个空想，目标也只能停留在想象阶段。

至于行动的问题，我们不再赘述了。无疑要克服懒惰、认真踏实、全力以赴。在实现终极目标的过程中，难免会遇到各种诱惑，任何闪失和偏差都有可能让你远离既定目标。但是，不要因为这一点就放弃，谁都会犯错，只要能吸取经验教训，就是一种成长。而这种成长，对实现长远的终极目标而言，有益无害。

6.不断修正和更新人生的目标

当人生的某一目标达成时，别松懈，一定要继续更新目标，保持一种积极向上的精神。如果终极目标因为环境和条件的改变，很难按照既定方针继续下去时，不要轻易放弃，试着修正一下计划，让它尽可能地切实可行。如此，前面的付出才不会白白浪费。

总而言之，找到你最想实现的梦想，制定最切实可行的计划，全身心地投入到行动中，拖延的毛病就能得到巨大的改善。因为梦想会让你充满激情，计划会让你思路清晰，行动会赋予你高效率。当这三者都具备的时候，你还有什么理由拖延呢？

第9章

时间管理，终结拖延恶习

再聪明的人也玩不过时间。在时间面前偷懒，结果就是患上拖延症，弄得你焦头烂额；在时间面前耍赖，拖延症会变本加厉地折磨你，偷走你精彩的人生，留下混沌的噩梦。唯有学会管理时间，细化时间安排，在限定的时间内完成任务，才有可能远离拖延症的魔爪。

让虚度年华的事情不再发生

都说人生苦短，过去胡小懒并不在意，可当自己一不留神跟30岁沾了边儿，他才意识到，人生确实又苦又短。苦的是，到了而立之年，还过着寄人篱下的日子（跟老爸、老妈挤在一套60平方米的房子里）；工作上没什么大出息，还是个每天追赶着公交车上下班，月底拿点勉强能养活自己的工资；最可怜的是，到了这岁数连个正式的女朋友也没谈过，感情史一片空白……

以前他还总安慰自己说："没事儿，时间还长呢！一切都来得及。"可如今，眼看着自己就要过29周岁的生日了，按照虚岁的算法就是30岁的人了，心里突然就变得紧张和焦虑了。他给自己做了这样一个计算：假如能健康平安地活到80岁，那么这辈子大概拥有70万个小时。假如工作40年，工作的时间大概是35万个小时，约1.5万天。刨去睡觉、休息的时间，还剩下多少生命？

以前他没意识到生命就是以时间来计算的，浪费时间就是在浪费生命。现在，他可真是明白了。想想之前，工作的时候慢慢悠悠，拖拖拉拉；休息的时候上网聊天，消磨时光，结果该学的东西没学成，该做的事情没做好，一无所获。如果能把那些浪费掉的时间都聚集起来，真的是一个很大的数字。

每每想到这儿，他就更加痛恨拖延症。如果没有拖延症，自己不会一直“混日子”，敷衍了事地糊弄老板、糊弄工作；如果没有拖延症，自己就不会总想着偷奸耍滑，做事拖拖拉拉……如果没有拖延症，那么人生肯定大不一样。可惜，生命没法重新来过，他知道，现在再怎么后悔也没用了。要改变现状，要做个优秀而成功的人，就得重视时间，不能在拖拉中虚度年华。

美国著名的思想家本杰明·富兰克林曾经说过一段经典名言：“你热爱生命吗？那么别浪费时间，因为时间是组成生命的材料。记住，时间就是金钱。假如一个每天能挣20元的人，玩了半天，或躺在沙发上消磨了半天，他以为他在娱乐上没花钱。不对！其实花掉了他本可以获得的20元钱。记住，金钱就其本身来说，是能升值的。钱能生钱，而且它的‘子孙’还会有更多的‘子孙’。如果谁毁掉了最初的钱，那就是毁掉了它所能产生的一切，也就是说，毁掉了一座财富之山。”

据说，当年在富兰克林报社前面的商店里，一位男顾客拿着一本书向店员询问价格，在此之前，他已经在商店里犹豫了将近一个小时。店员告诉他，那本书1美元。男顾客试图要一个优惠，店员却说：“它的价格就是1美元。”

过了一会儿，那位顾客问道：“富兰克林先生在吗？”

店员回答：“在，不过他在印刷室忙着呢！”

男顾客坚持要见富兰克林。于是，富兰克林就被叫了出来。男顾客问：“富兰克林先生，这本书的最低价格是多少？”

富兰克林几乎没有思索，随口说道：“1.25美元。”

“1.25美元？不会吧！刚刚你的店员还说只卖1美元呢！”

“没错儿，”富兰克林说，“但我情愿倒贴给你1美元，也不想离开我的工作。”

男顾客有点吃惊，心想：算了，还是早点结束这场自己引起的谈判吧！他说：“那好吧，你说这本书最少要多少钱吧？”

“1.5美元。”富兰克林又多加了0.25美元。

“怎么回事？又变成1.5美元了？”

“是的。”富兰克林冷冷地回答，“我现在能出的最好价钱就是1.5美元。”

男顾客什么也没说，只好默默地把钱放到柜台上，拿起书出去了。富兰克林用这件事给他上了终生难忘的一课——时间也是金钱。

的确，时间也是财富。想要成功地摆脱拖延症，就必须重视时间的价值，学会管理时间。否则的话，势必会陷入一个怪圈，浪费时间导致拖延，拖延导致效率低下，效率低下依然在浪费时间。

胡小懒曾经无数次犯过这样的错误，比如早上贪睡20分钟，感觉没多大关系，可起床后因为时间紧迫，匆匆忙忙地收拾，匆匆忙忙地去公司。到了单位，气喘吁吁、心烦意乱，等平静下来时，已经是1个小时之后了。现在，他掐指一算，贪睡20分钟，平白无故耽误了1个小时。这1个小时的工夫，专心致志能做多少事？一天如此，两天如此，按每月20天计算，一年下来，就耽误了200多个小时。真是不算不知道，一算吓一跳。

浪费时间的时候，很多人都跟胡小懒一样，根本没有意识到这是在虚度生命。而后，又抱怨生活不公平，薄待了自己。现在，胡小懒觉得，自己没有任何理由怨天尤人，因为这完全是自己造成的，不懂得珍惜最珍贵的财产——时间，必然会变成思想上和生活中的庸人。他知道，现在要学的、要做的，就是管好自己的时间，利用时间来创造价值。

别小看十分钟

胡小懒听说公司里做业务的一哥们儿最近出了本小说。听到这消息时，他先是感叹人家很有才，后又感伤其实自己也是有两把刷子的，但除了每天写点儿文案，连篇像样的散文都没写过。脑子里不是没有想法，但往往只是一闪而过，要么是懒得写，要么是安慰自己说："以后再说吧！"这一拖，就不知道何年何月了。

对专业作者来说，写本书也是一件劳神费力的事，更何况是一名广告公司的业务员呢！他每天都要承受着巨大的心理压力，想着如何跟客户拉近关系，如何说服他们做广告，脑细胞不知道得死多少！外加他那朝九晚不定的工作性质，正常的生活有时候都被打乱了，他哪儿来的时间写出本近20万字的书呢？

八卦的胡小懒借着赞扬人家的机会，偷偷打听了一下对方的"秘诀"。那哥们儿倒也实在，说自己白天上班，确实没时间写，就是每天上班提前到一会儿，写上10分钟，晚上睡觉前再写10分钟，慢慢地写下去，就写完了。

呵，意外真是每天都有，牛人真是处处都在。胡小懒头一次觉得，原来"励志帝"一直就潜藏在自己的身边，只是他貌不惊人，一直被忽略了。

和"励志帝"一对比，胡小懒实在觉得惭愧。遥想当年，他打算每天早起听10分钟的英文广播，头3天还不错，一周之后就有点烦了，觉得每天听10分钟意义不太大，之后就断断续续，想起来就听，想不起来就算了。再后来，就完全没当回事。如果从那时候就坚持听，到现在也有3年了。每天10分钟，能记住一两句话，现在的听力该是什么水平？肯定不至于连面试时人家的问题都听不懂吧？可就是因为自己看不起那10分钟，平白无故浪费了那10分钟，才会没有长进。

雷曼曾经说过一句话："每天不浪费或不虚度或不空抛的那一点点时间，即使只有五六分钟，如得正用，也一样可以有很大的成就。游手好闲惯了，就是有聪明才智，也不会有所作为。"

很多时候，拖延的人会不自觉地浪费时间，就是因为他们轻视了积累的力量。比如，想完成一项目标，只记得大致的时间限制，如要在半个月之内完成，于是就想着："现在时间还多。"心理上的松懈让他们开始了拖延。可真到了着手做的时候，才发现看似大把的时间，用起来实在不够。而且，一旦压力剧增时，心理上还会产生厌恶的情绪，很难保证目标能够顺利完成。

细想起来，这跟存钱也一样的道理。你告诉自己："我到年底要存下1万块钱。"一年是你定的期限，但要如何凑齐1万块钱？这需要每个月存一点，慢慢地积累。每个月的钱如何存下来？这需要靠每天计划消费。如果每天能存下30块钱，一个月就是900，一年下来就是一万多。如果平日里不想着节省，非要等到临近最后期限了，再想着凑够一万块钱，那就困难多了。

时间和金钱一样，积少成多，需要靠平时的努力。每天花10分钟读英文，好过每周读一小时；每天做瑜伽10分钟，好过每周做一小时；每天花10分钟看会儿书，好过每周看上一天。做好一件事、达成一个目标，不是一两天的工夫，而是分分秒秒的积累。要打败拖延的恶习，就抓好每天的“10分钟”，坚持下去，你的人生就会大不一样。

盘活那些零碎时间

跟许多人一样，胡小懒上学时巴不得赶紧离开学校到社会上闯荡。可真的工作了，又开始怀念在象牙塔里的日子，那是多么悠闲惬意、多么轻松洒脱，最重要的是时间多么充裕。

职场如战场，竞争十分激烈。今天你不往前走，明天你就等着出局。为了不掉队，胡小懒这等懒人也得硬着头皮学习，让自己与时俱进。可说来简单，做起来好难。每天要上班，做不完的事，根本没有整块的时间，很多事也就拖拖拉拉地做着，没见多大成效。

胡小懒正为时间不够的问题犯愁时，一次偶然的经历，给他带来了启发。

休年假的时候，他去临市看望朋友。火车上，有个跟他年龄差不多的小伙子，一直低着头不停地写东西。胡小懒心想：“这家伙兴许是个文艺青年吧！一路走一路写感慨。”坐在小伙子旁边的中年大叔，好奇心比较强，探过头去一看究竟。

大叔说：“小伙子，这两个小时你一直没闲着，这是在给客户写信呢？”

小伙子说：“是啊，要不是出差在火车上，我现在还在公司上班呢，也得做这些事。”

大叔感叹：“现在的年轻人，像你这么敬业的太少了，你的老板肯定很重视你。我的公司现在也在招业务员，虽然规模不大，你要愿意去的话，薪水都好商量。”

胡小懒暗想：找工作难吗？瞧人家，坐一趟火车都能遇见“挖墙脚”的猎头！

那小伙子笑了笑，说：“不用了，我就是老板。”

生活中最让人难过的事情是，比你优秀的人比你更知道时间的宝贵，比你更努力。当时，胡小懒是真的被震住了。年龄相仿，性别一样，可人家都混成老板了，自己连个主管还没当上。这就是差距啊！可他心里又不得不服，人家连出差坐火车的工夫都不浪费，给客户写着信，自己坐一趟火车，除了手机和钱包，连一本书都没拿。自己总一边抱怨“没时间”“太忙了”，一边拖延着好多事。今天瞅见别人的“壮举”，才知道自己不是没有时间，而是不知道怎么利用零碎的时间。

时间这东西看似延绵无尽，其实也都是由碎片组成的。谁能把时间看成碎片，再通过适当的方法把这些碎片井然有序地重组起来，在遇到突发情况时也不影响工作进度，那他就是一个优秀的时间管理者。放眼看去，但凡有点成就的人，做事都是雷厉风行、绝不拖延的。他们从来都把时间当成最宝贵的财富，哪怕浪费一点时间都会深感痛苦。

胡小懒现在回想起来，之前每天忙忙碌碌，想读点书、看会儿报，老觉得没时间。可实际上，从早到晚也有不少停息的时候。那些不起眼的点滴时间，看似微不足道，可如果都能很好地利用起来，也能创造出奇迹。他想起文豪鲁迅说过的一句话："我是把别人喝咖啡的时间用在了写作上。"是啊，自己在喝咖啡，自己在车上打盹儿，别人却在读书写作、勤奋工作，就是这一点点的差别，积累的时间长了，就造就了不同的人生。

时间最不偏私，给任何人都是24小时；时间也最偏私，给任何人都不是24小时。因为时间是死的，人的思维却是活的。善于运用零碎时间的人，工作效率通常都很高，因为他们用分钟来计算时间，而胡小懒则是按照小时、按照天来计算时间，这样一比较，前后差了几十倍到上百倍。

自从火车上偶遇那位有为青年之后，胡小懒就下意识地盘算起自己的零碎时间来。他发现，每天8小时的工作时间，上网看微博的时间，完全可以用来收发邮件；中午和同事闲聊的时间，完全可以闭目养神；路上等车、坐车的时间，完全可以用来听书……原来，时间真的就像海绵里的水，只要愿意挤，总是会有的。

除了这些忙碌中的空隙外，胡小懒还发现，自己的很多时间浪费在了睡懒觉上。尤其是周末，往往一睁开眼就已经快11点了。算起来，自己睡了快一圈了，跟婴儿的状态差不多。而工作日时，每天6点半到7点肯定就起来了，这样一算，每个周末两天，就等于白白浪费了8到10小时，一个月下来就等于浪费了近40小时。如果把这些时间利用起来，那意味着每个月比原来能多出1周的时间。

再说晚上下班后，自己无非就是上上网、看看电视、玩会儿手机，一晃就从8点到了10点。如果每天把这2小时利用起来，周一到周五就有10小时的时间，每个月就是40多个小时，这又比原来的时间多出了1个星期。想到这里，胡小懒终于理解了哈佛大学的那句名言：“人与人之间最大的区别在于晚上8点到10点之间。”

没错，这些都是零碎的时间。如果你总在拖延，如果你总感觉时间不够用，如果你总感觉疲惫不堪，那你不妨像胡小懒一样扪心自问：我有没有零碎的时间？我用这些时间做了什么？我应该做点什么？当你找到了答案，并知道如何盘活你的零碎时间时，你将会有意外的收获。

抓住“黄金时间”

工作多年，胡小懒总认为自己还是缺少些职场范儿。他想象中的职场人，应该像《穿普拉达的女王》中梅丽尔·斯特里普扮演的女上司，气场非凡、精力充沛、干练果断。

回到现实，他更像是情绪的奴隶，前一秒还精力充沛、激情满怀，后一秒就开始消极颓废、满脸倦容。很多次，他都抱着必胜的决心要跟文案死磕到底，可这股子劲儿总不能坚持到底，有时候莫名其妙地就陷入了倦怠之中，原本进行到一半的工作，一受到坏情绪的干扰，立即就被搁置到了一边。

某次公司培训课上，一位资深的人力资源顾问，在说起员工效率低下的问题时，提到了一个词语：黄金时间。他说，人在每个时期的不同状态，导致了工作和生活节奏快慢不同，也就导致了工作效率的高低。

很多人不了解自己的黄金时间，胡子眉毛一把抓，在最好的时间里打一些不太重要的电话，回复一些不必要的邮件，白白浪费了黄金时间。等到有重要的事情要做时，已疲惫不堪，精力完全顾不不过来了。于是一天下来，工作倒是不少做，但是效率并不是很高，下班后加班加点，忙到很晚。

同样的情况，有些人就很悠闲。他们倒也不是具备什么超能力，而是善于总结和计算，善于管理自己的时间。在黄金时间来临时，他们会紧紧抓住时机，灵活地运用自己的能力，在合适的时间，做合适的事情。在同样的时间里，做出比别人更多的事情来。

为了详细说明这个问题，那位讲师花费了大概一个月的时间，对自己每天的精神状态、工作状态作了一个详细的分析和总结，并列出了他自己每个时间段该做哪些事。他把这个总结用到培训中，给员工作为参考。胡小懒拿到那位讲师做的“黄金时间表”，发现内容确实很详尽，可见这哥们儿不是在糊弄人。他列出的内容大致如下：

清晨，身体刚刚苏醒，大脑比较清醒。对一天的工作进行计划，获得一天中最重要的信息，并合理安排好自己的工作时段。

9点到10点之间，真正的黄金时期，思维飞速运转，大脑活跃，做一些重要的事情为宜。

10点到11点，思维逐渐达到高峰，身体处在最佳状态。这段时间不能放松自己，要把自己最好的姿态，贡献给最重要的工作。

11点到12点，身体有些疲劳，需要稍稍休息一下，饥饿感在逐渐袭来，可以回复一下邮件，整理一下资料，把昨天遗留的东西处理完毕。必要的时候，和同事讨论一下工作上的进程或者计划。

午饭过后，身体处于困倦状态，稍稍休息一下，适当调整自己，为下午的战斗打好基础。

14点到16点之间，身体已经恢复。要让自己冲锋在最前线，做一些高难度复杂的计算，把全天的工作最核心的部分加快步伐处理完毕。这个时期的工作会体现出成绩和效率。充分利用好这个黄金时段，那么一天的工作基本上就有了保障。

17点到18点，精神疲劳，视觉疲劳，各种疲劳相继出现，不要做一些思考难度太大的事，要让自己在精神上得到放松的同时，身体上继续为工作忙碌。让体力劳动暂时转移一下精神上的疲惫状态，既做到了劳逸结合，也没有耽误正常的工作。

晚饭后，可以静下心来整理一天的资料了。这个时间用来回顾最好不过了，可以写下总结和明天的安排。

讲师坦言，要了解自己的生理状况并合理运用自己最好的时间，即所谓的黄金时间，是一种快速获得高效率的必经之路。一天里最好的时间如果被充分利用，那么这一天的效率就会比别人高出很多。

可惜的是，很多身在职场人都没有留意到这一点，而是跟胡小懒一样，稀里糊涂地以为自己只是情绪化。殊不知是因为自己没把握住黄金时间。很可能上午9点到11点的效率最高，却用来上网聊天了，等到下午想好好工作的时候，大脑却已经进入了疲劳期。如此一来，就等于没有把工作和生理恰到好处地结合起来，让最能创造价值的时间白白浪费了。这样导致的结果，自然就是低效。

其实，黄金时间任何人都有，而不是你有我没有，我有他没有。问题是，要学会找到属于自己的黄金时间，合理利用自己的黄金时间。讲师在培训课程即将结束时谈到，用好黄金时间必须要留意一些细节，这些细节胡小懒一字不落地记在了本子上。

记录自己的生理变化并及时做好总结。

把自己的工作分类并把最重要的工作安排在黄金时间段。

切记在黄金时间不要被琐事和他人打扰。

给自己一个计划，有需要时调整自己的计划。

保持良好的工作状态，避免自己因过于疲惫而懒散。

一周或者是半个月对自己的工作进行一次分析，查漏补缺，并鼓励自己。

善于借助他人的力量，让自己的时间安排变得更加合理，让自己的计划变得更加完美。

胡小懒决定，利用这个办法找找自己的黄金时间，让自己随时精力充沛，告别低效率。

二八法则与四象限法则

网上流行着一句调侃的话："两眼一睁，忙到熄灯。"此话道出了很多人的生活状态，每天忙忙碌碌，耗费了大量的时间，可成效甚微。深究原因，大多是没做好时间管理。

时间是非常重要的资产，但它又不同于金钱，金钱可以被储蓄，用完了还能再赚，而时间一分一秒逝去之后，再也找不回来。在有限的时间里，谁能最大限度地减少浪费，谁就是赢家。

胡小懒公司里的设计总监阿伦，简直就是疲于奔命的工作狂。每天，他都要花上六七个小时来做设计和研究，此外还要兼顾部门里的其他事务。胡小懒经常看见他风尘仆仆地从外面回来，又急急忙忙地出去，而且部门里的每件事他都要亲自参与才放心，即使人不在，电话也会准时来。

"你怎么每天这么忙呀？"胡小懒问阿伦。

"我管的事太多了，时间不够用。现在好一堆事拖着没做呢！"阿伦一脸无奈地说。

时间久了，阿伦的设计工作受到了很大的影响，经常是到了最后期限才能拿出作品。有时，因为时间太紧，设计出来的东西也不太好，老板已经几次表示了不满。念在平日里与阿伦私交还不错，胡小懒对阿伦说："你干吗要忙成那样呀？管好你的时间，做好重要的事就行了。"

没想到，这句话竟然还真的点醒了阿伦。他发现，自己忙了半天，真正有价值的事很少。所幸，他听了胡小懒的话，就把那些无关紧要的小事都交给助手了，自己集中精力做设计。一段时间之后，他发现自己做事的效率高了很多，设计的作品也比之前赶工出来的要好得多。

胡小懒也觉得挺意外，自己的一句话也能给人帮上大忙，以后看来也能出"语录集"了。

其实，他告诉阿伦的做法，与意大利经济学家帕累托提出的"二八法则"如出一辙。帕累托从研究中归纳出这样一个结论：80%的财富流向了20%的人群，而80%的人却只拥有20%的财富。二八法则无时无刻不在影响着我们的生活，对于时间管理而言，它同样适用，即把80%的时间花在能出效益的20%的工作上。

阿伦在后来的工作中也意识到了这一点。此后，他手上从未同时有三件以上的急事，通常一次只有一件，其他的都暂时放在一边。大部分的时间，他都用来思索主打的设计作品，至于细微的工作，看看部门里谁做合适就让谁去做。他只是时常盯一下工作的进度。

可见，要想提高工作效率，摆脱忙碌紧张的状态，就要掌控好时间的钟摆，把80%的时间花在能出效益的20%的关键事情上。当我们把"二八法则"运用到时间管理上时，就会出现下面的假设：一个人在各个领域里所创造出的大多数价值，都是在某一小段时间里实现的。也就是80％的成绩都是在20％的时间内取得的，剩余的80％的时间只创造了20%的价值。

问题又来了？如何才能把握住那关键的20%的时间呢？这就要说到“四象限法则”了。它是著名管理学家柯维提出的一个时间管理理论，即把工作按照重要和紧急两个不同的标准进行划分，基本上可以分为四个象限：紧急又重要、重要但不紧急、紧急但不重要、既不紧急也不重要。我们每天要面对的事情，全部包含在这四个象限中。下面，我们就这些情况逐一进行分析。

1.紧急又重要的事

这类事情是你的当务之急，是必须马上要解决的。它们可能是你实现事业和目标的关键因素，也可能与你的生活息息相关，比其他任何一件事都值得优先处理。唯有先把这些事合理高效地解决掉，你才有可能顺利地进行其他工作。

2.重要但不紧急的事

处理这这类事情，需要人的主动性、积极性和自律性。可以这样说，一个人能否正确地处理这类事情，取决于他对事业的目标和进程的判断能力。生活中，大多数较为重要的事都不是很紧急，比如培养感情、节制饮食、读几本有用的书。这些事情关乎着我们的家庭、健康、个人学识，当然是重要的，但它们并不紧迫。也正因为如此，很多时候我们才一直拖着。直到有一天，影响了工作和生活，才后悔当初为何没有早点重视，早点解决。

3. 紧急但不重要的事

这类事情在生活中很常见。比如，你刚刚准备埋头工作，突然间电话铃响了，是你的朋友约你去看电影。你不好意思拒绝，就只好放下工作跟他去了。等回来后，你觉得很累，看见桌子上的工作资料，才发现重要的事情还没做。可这时候，你的思绪已经不在工作上了，需要一段时间来缓冲才能进入工作状态。工作中很多任务被拖延，就是因为这些紧急但不重要的事情的干扰。

4. 既不紧急也不重要的事

从字面意思可以看出，这些事情既不紧急也不重要，那就不值得花费时间去做。一个人的时间和精力是有限的，这样的事能不做就不做。比如，看电视、玩游戏。如果确实需要做，那就必须限定时间，比如写博客限定一小时，看电视一小时，时间一到就马上停止，不要让这些无聊且无关紧要的事缠住。

了解了事情的分类之后，就知道该把主要的精力放在哪儿。很多人在1和3之间徘徊，误以为紧急的事就是重要的事。事实上，如果紧急的事对于完成某项重要的目标没有丝毫帮助，那就要把它放在紧急但不重要的事中。举个简单的例子：住院开刀，这是紧急又重要的事，必须在最短的时间内完成，这有助于健康；如果是朋友邀约马上出门逛街，确实紧急，可它并不太重要，对你完成工作丝毫没有益处，那它就算不上重要的事。

一般来说，紧急且重要的事不会花费太长时间，比如打一个重要的电话，发一个重要的通知。真正耗费时间和精力、容易导致人拖延的是那些重要但不紧急的事。它们通常是一个长期的规划、一项长远的目标，我们要把时间重点放在这些事情上。如果不能合理利用时间，那么到最后，这些事就会上升为重要又紧急的事，而到了这种时候，时间紧张就很难保证按时完成任务，这无疑会给自己带来巨大的麻烦。

远离意外的干扰

黑色星期一。这是胡小懒的最新QQ签名。

他今天的任务是修改一个方案，下午4点前要给客户发过去。带着这个目标，他提早到了公司，先把脏了吧唧的桌子收拾了一下。干净的环境，至少能让心情愉快点，懒惰的人能有这样的意识，的确很难得。

收拾桌子的时候，他看到旁边同事的工位上放着一张报纸，说的是房价调控的事。胡小懒赶紧拿起来看了看，看完这则消息，也顺带看了会儿其他的新闻。等他放下报纸时，时间已经过去了40分钟。他一看电脑上的时钟，吓了一跳，怎么过得这么快啊？

赶紧干活吧！刚打开文档，电话又来了，设计部的同事让他找一找上周做的一个文案，说自己的电脑出了点问题，文档没了。他帮同事找完文档，传送过去，又在QQ上与同事小聊了一会儿，半个小时又没了。

转眼就已经10点多了。他去了一趟洗手间，出门时正好碰见阿伦，两人又聊了聊。到11点的时候，胡小懒的工作才正式开始。

午饭之后，他没休息，抓紧修改方案。可是，老板突然召集开会。等会议开完，已经2点了。距离任务的Deadline还有2小时，他马不停蹄地修改着，连喝水的工夫都没有。等到4点多的时候，客户那边等不及了，开始催促。无奈之下，胡小懒只好把自己修改得七八分好的案子发了过去，等着“审判”。

他心里很烦躁，明明安排得很好，怎么又拖延了？自己根本没想着偷懒啊！

确实，这次的拖延不是胡小懒偷懒，而是意外干扰占用了宝贵的时间。工作任务在我们的计划内，可还有很多事在计划外，而工作的过程中却又不可避免地会遇到这些意外干扰。意外干扰常常会打乱时间安排，造成拖延，影响任务完成进度，让人变得被动。

身处现代社会，工作和学习的环境很“嘈杂”，这个嘈杂不只是说马路上的鸣笛声、办公室里的机器声、恼人的电话铃声，纵然没有这些，我们的心神也会被QQ、E-mail、微博、微信等通信软件干扰，这都是打断我们工作进度的“拦路虎”。

面对这些偷走时间的“盗贼”，有什么应对的办法呢？

法国生物学家乔治·居维叶说：“天才，首先是注意力。”

要排除干扰，就要用注意力来克制。正所谓：心不动，人不妄动。很多名人故意把自己置身于吵闹的环境中，以此体会内心的宁静，实现“两耳不闻窗外事，一心只读圣贤书”的境界。

就说股神巴菲特吧！年轻的时候，他为了培养自己的注意力，让心绪少被外界因素干扰，每天他特意带着书去菜市场看。这种做法，让他养成了日后在任何时间、任何地方都能很好地学习的能力。

除了加强自身的注意力以外，选择一些比较容易提高注意力的学习和工作环境，也是一剂良方。

有一段时间，胡小懒每周末都去图书馆找资料。他发现，同样一本书，在家里看的时候总感觉看不进去，可在图书馆里看，却大不一样。思路清晰，记忆力超好，看过之后还有一种想写阅读笔记的欲望。等从图书馆回家后，再翻开书，脑子依旧很混乱，还是看不进去。

后来，他总结出了原因。图书馆很安静，没有电视，没人讲话，大家都在安静地看书，这样的环境和氛围能够帮助自己抛开杂念，注意力高度集中，所以学习和工作的效率会很高。在家就完全不一样了，总有人来回走动，总有人讲话，一会儿去厨房拿点吃的，一会儿又上网查点东西，根本没法把心思完全专注在看书这件事上。

虽说在恶劣的环境中强迫自己集中注意力是一个完善自我的绝佳办法，但这并不是一件容易的事。如果从前习惯了拖拖拉拉，经常被外物干扰，那么最好的办法就是为自己创造一个清净的环境，远离嘈杂和纷乱。比如，像胡小懒一样，到图书馆去学习和工作；或者，在单位工作时，如果不是必须，那就关掉QQ；在家办公时，尽量要求家人理解和配合，关上房门，关上手机，拔掉网线，直到彻底完成工作。

克服拖延，和时间赛跑，要通过自我和外界共同作用才能达成。有毅力的人，可以通过自制力来实现高效；毅力差的人，可以通过选择环境为自己创造高效的工作条件。当然，在做一些重要的项目时，也可以适当地给自己留出一些富裕的时间，以便处理这些零零碎碎的小问题。总之，事在人为。如果你真的想节省时间，提高效率，改变拖延，你肯定能为自己找到最佳的解决办法。

适当放松，享受惬意时光

“战拖小组”里有人发了篇帖子，名字很有趣，叫《拖延给你带来快乐了吗？》

胡小懒回忆过去的拖延经历，发现有时候自己坐在那里感觉很疲惫，一点儿都不想干活儿，但看着眼前那堆凌乱的资料，心里又很着急。一气之下，他就干脆去打游戏，想借此抖擞下精神，可关掉游戏之后，他丝毫没觉得轻松，反而觉得更累、更空虚，还有点懊悔。

其实，这是很多拖延的人都存在的问题，既无法有效地工作，也无法有效地娱乐。干活的时候拖拖拉拉，不痛快；休息的时候胡思乱想，不清净。为什么会如此？很简单，因为他们在娱乐的时候，知道自己是在借此逃避那些该做的事，根本达不到娱乐的效果。

这是一个非常可怕的恶性循环。当你无法高效地完成工作时，你会通过延长时间的方式来完成。可是，当你延长时间去做这件事时，你又觉得对自己不公平。比如，周一到周五大家都上班，到了周末，别人在休息，而你却在加班，你心里会有一种失衡感，因为你也忙碌了一周，虽然收效甚微，但也没有闲着。所以，你的内心也在渴望周末的放松。这种情绪会直接影响你加班的效率，导致继续拖延，任务还是不能顺利完成。为此，你会觉得更加内疚、懊悔，心神不宁，变得消极沮丧。情绪直接影响行为，结果不言而喻。

如果真的是这样，那还不如放下执念，让自己彻底放松一下。人不是机器，心理承受能力有限，心弦绷得太紧就会失去弹性，甚至崩溃。适当地缓解一下疲劳的神经，可以排除郁闷紧张的心情，哪怕这么做的时候你会觉得自己有点堕落，有点不上进，但与其在既不能娱乐又不能工作之间挣扎，不如让自己开心一下。

我们依旧以上面的情形为例，周一到周五这段时间，你因为某些原因拖延了，需要周末加班找补，那你可以尝试这样做：周六白天纯粹休息，不要去想任何与工作有关的事，也不要去想自己还有任务没完成，做事不能三心二意，休息也一样。玩的时候就要开开心心地玩，享受这个放松的过程。

周六晚上，试着收起玩心，想想自己还剩下哪些工作没做，好好安排一下周日的计划，做一些准备工作。这样的话，等到第二天早晨，你就能很快进入工作状态，因为前一天晚上你的注意力已经转移到工作上来了，这等于一个缓冲。（这个方法，对抗节后综合征也有一定作用。）

周日一天，完全按照计划行事。其实，这个时候你会发现，你的状态比拖拖拉拉的时候要好很多。经过一天的放松和休息，你的大脑恢复了正常的运转，你的心态也变得平和了许多，完全能够以一种愉悦的心情来对待加班这件事。状态好了，做事效率自然会高，看到自己做出的成果，对抗拖延的信心也会增加。

看，“牺牲”周六一天的时间来休息，换来周日的高效率，远比两天都在拖延中挣扎要好得多。有句话说得好：休息，是为了走得更远。

平时工作时，也要把握住这个原则。当你发觉对工作充满厌烦的情绪、思路混乱不清时，说明你的状态不是很好。这时，如果你继续做下去，不良情绪会让你失去对工作的兴趣，导致办事拖延，效率低下。这种情况下，最好的解决办法是从工作中抽身而出，休息一小会儿，冲一杯咖啡，听一会儿音乐，放松一下紧绷的神经。片刻之后，回过头重新开始工作，你会觉得停滞的思路一下子变得畅通了。这就是调整心情并适当放松带来的益处。

每天“多出”1小时

时间不够用的时候，很多人都会说：“真恨不得一天有48小时。”

胡小懒也有过类似的企盼，可也只是随便说说。然而有一天，他无意间看到一篇文章，说一天可以有25个小时，里面提到的是一些非常实用的时间管理方法。胡小懒做了一个简单的总结，发表在“战拖小组”里，分享给了所有的“病友们”。

1. 善于运用时间

在什么时间做最重要的事最合适？生理学家克莱特曼医生研究表明，人的正常体温在一天之中的变化可以相差1.65摄氏度。体温变化对人的工作效率、注意力和心理状态有着直接的影响。通常，人们在早上的后半段和傍晚的中段神志最清楚；下午，会感到越来越想睡觉，下午两三点钟是工作效率的低谷期。体温在下午6点到8点钟达到高峰之后，很多人会明显感觉精神不佳。

胡小懒发现，这就跟那次培训课上讲师说的“黄金时间”讲的是一个道理。在工作效率最高的时间段处理最困难的事，或者进行创意思考。在工作效率低的时候，做一些整理资料、清理信件等简单的事务，如此就可以达到事半功倍的效果。

2.事先做好计划

通常，我们要去某个地方的时候，会在出门前查一下路线，看看坐什么车方便，到哪一站下车距离目的地最近。这样的话，虽然事先花费了一点时间做筹划，但总好过到时候花上一两个钟头乱找路。其实，这就是计划的效用。

工作也是如此。《生活安排五日通》一书的作者赫德莉克说：“不要把所有的活动都记在脑袋里，应把要做的事写下来，让脑子做更有创意的事。”所以，不妨每天做一个工作计划，按照重要程度依次排列，这样的话就知道每天都有哪些事要做，不至于混乱。

3.闭门谢客

很多人喜欢说：“我的门永远是打开的。”意思是随时欢迎别人到访。事实上，如果每个不速之客都接待的话，你或许一天什么都干不成了。有时候，要学会用委婉的方式拒绝他人，避免突如其来的干扰浪费自己的时间。比如，公共专家列维曾经把开门政策稍微修改了一下，变成了——让门半掩着，意思很清楚，他其实不太想让你进去。另外，应对不速之客时，还可以告诉对方你很忙，向他表示歉意，说你不忙的时候再约他。

4.减少电话时间

电话是一种便利的通信工具，可以有效地节省时间，但如果利用不当，也会变成浪费时间的罪魁祸首。所以，在打电话之前一定要弄清楚打电话的目的，如果你一次要说几件事，那么最好把要说的事提前写下来，然后逐条说清楚。对方若是很忙的话，他也最希望你能采取这样直截了当的方式。

打电话之前，还要想一下，你的通话对象通常在什么时候最闲，尽量在这个时间段联系他。这样的话，就不至于因为被告知他很忙无法接听你的电话，而再花费时间去重新联系。

5. 不要单纯“等待”

等车、等人、排号的时候，不要干巴巴地等待，这些时间你可以用来看一会儿书或者查点儿有用的资料。

据说，美国有一个钟表匠曾经制造了一种特殊的计时器，它每分钟只有57.6秒，与正常的时钟相比，每分钟省下了2.4秒。一天下来，几乎就多了60分钟。我们不必买这样的钟表，只要学会合理地利用时间，就可以轻松实现“每天多1小时”的理想。

【解读】 桌面脏乱的人为何总拖延?

曾有专家做过一项特殊的研究，他们想通过研究知道，杂乱不堪与拖延之间到底有没有关系?

结果十分令人意外，两者之间竟然真的有联系。专家称，那些桌面凌乱不堪的人，往往都是工作效率低下的拖延症患者。至于原因，再简单不过，每天都得花一些时间找东西，短则一两分钟，长则几十分钟甚至数小时。

相比而言，那些效率高的人，几乎很少让自己身处一个凌乱的环境中。他们习惯把每件物品都按照特有的顺序放好，想要找什么马上就能找到，他们把所有的时间和精力都放在重要的事上，而不是找东西上。

那么，如何才能保持工作环境的整洁，并有效地提高工作效率呢?

1.收起那些可有可无的东西

电脑、鼠标、键盘，这些可能是你工作时必须要用的工具，显然是不能收起的。至于那些小摆件、订书器、文件夹等可用可不用的东西，最好收在抽屉里。如果都摆放在桌子上，势必会影响你的视线，有可能你在想东西的时候，看到了某个物件就走神了。

2. 只留下现阶段用的资料

不要把所有的资料和工具都放在桌面上，这会干扰你的工作。现阶段用什么资料，就把它们放在伸手可及的地方。一旦完成了这个项目，就把资料收起来。

3. 工作结束后随时清理桌面

每天下班后，花上两三分钟的时间，把桌面清理干净，并且把第二天的计划放在桌上。这样，第二天早上到单位时，看到干净整齐的桌面，心情就会舒畅。更重要的是，你不必再花费时间清理，可以马上投入到工作中。

4. 整理好自己的电子文件

除了办公桌上可见的物品外，电脑里的那些文档也要分门别类地整理好。这样的话，不管找什么文件，都能迅速地知道它在哪个盘、哪个文件夹里，能够节约不少时间。

总之，养成每天整理办公桌的习惯，对于克服拖延、提高效率是非常有帮助的。当然，这项工作不是一两天的事，你必须长期坚持下去，才能更深刻地体会到它的益处。

第10章

来吧！给自己来点正能量

在日复一日的生活中，也许有些模板已经形成，你对此感到倦怠，丧失了前进的动力。或许是因为梦想太遥远，现实耗费了你太多的精力，打消了你从前的积极性。可不管怎样，你要记住，在奋斗的路上，每个人都会感到疲惫，唯有那些充满激情的灵魂，才能走到终点。因为他们不会被疲惫打败，就算走在无人陪伴的路上，也会为自己鼓掌。

输给别人，别输给自己

有时候，我们拖延是因为对自己信心不够，对面临的事情没有把握，存在着恐惧的情绪。如果你的人生正在原地踏步，甚至走着下坡路，那么你该明白，你需要战胜的并不是那些外在的阻碍，而是你内心的恐惧和消极情绪。

胡小懒承认，他骨子里不如嘴上说的那么纯爷们儿，是个有点懦弱的人。从小到大，他在学校里没有当上过班干部，在公司里也没有混上个一官半职，他自诩是与世无争，其实是有点儿自卑。

儿时的他，长得有几分秀气，还喜欢跟女孩玩。大概四五岁的时候，做舞蹈老师的姑姑让他与小表妹一起学跳舞。在20世纪80年代的时候，对小孩儿来说，学跳舞算是一件很时髦的事了。表妹很机灵，喜欢在人前表现，学得特别快。和表妹相比，害羞的胡小懒就显得笨拙一些，倒也不是他做不来那些动作，只是有点不好意思。姑姑比较严厉，每次见他跳得不好，就训斥他。姑姑越是说胡小懒，胡小懒越是放不开，最后姑姑干脆不让他跳了，说他手脚不协调，动作太僵硬，不适合做手脚配合的事。当时的胡小懒已经有了记忆，姑姑的那番话，后来一直被他记在心里。

上中学时，校篮球队选拔队员，有人推荐胡小懒，可他心想：

“不行啊！别人三步上篮的时候都挺帅，要是到我这里愣愣怔怔，动作僵硬，还不被那些女生笑死？”当然，这个想法他从来没有向别人说过。他只能对外宣称，自己的脚扭了，等伤好了再考虑。其实，这不过是他拖延的借口。

上大学后，老妈催促过好几次让他去学车，可胡小懒不是说假期有事就说周末太忙，要么就直截了当地说：“我等明年再去吧！”这一拖，就到了现在。他心里也想学，可他又害怕，实在不敢迈开那一步。之前学车的哥们儿总说教练忒厉害，看新手开车急得火冒三丈。胡小懒是个要强的人，很爱面子。他怕到时候同一辆车的其他学员都练得挺好，就自己练得很差劲儿，那将实在无地自容。

偶尔，胡小懒也会想：“什么时候我才能有勇气一点呢？”

要说，人有时就得多接触一点正能量的人和事，给自己鼓鼓劲。不久前，他在某同窗的婚礼上，碰见了十年未见的初中同学叶玲珑，简直“亮”瞎了他的眼。10年前，她的名字跟现在一样叫玲珑，却是名不副实。那是怎样一朵“奇葩”啊！身高155cm，体重88kg，跑步跑不动，正步走同边手，抛实心球总往脚后跟扔。论手脚不协调，她比胡小懒要加上3个“更”字。

如今，人家可是女大十八变。体重看上去少了一半，果然变成了玲珑娇小的女孩。胡小懒打听得知，她现在在某家影视公司做编剧，月薪不菲。临走的时候，胡小懒还搭了叶玲珑的顺风车。一路上，他心里五味杂陈：瞧瞧人家，变化多大！瞧瞧自己，越活越没胆儿。

回到家后，胡小懒直接打开电脑，在某驾校报了名。这一回，他丝毫没犹豫，脑子里就一个念头：我必须要去学车，不能再拖了。他在叶玲珑身上找到了力量，当年的“奇葩”都能变成“出水芙蓉”，我这硬铮铮的汉子怎能成懦夫呢?

说做就做。报名之后，胡小懒很快就去参加了法培。之后，顺利地上车练习。他真后悔没早点来学，学车根本没有他想的那么难，自己的表现也没有想象中那么糟。之前，自己一直拖着不学车，是因为内心对自己没有信心，对学车这件事没有把握，所以迟迟不敢动。而今，把自己逼到了不得不学的份儿上，也就顺理成章地学了。

胡小懒突然意识到，他打败了一个敌人，这个敌人就是他内心的自卑，而自卑正是他拖延的一个重要原因。儿时，姑姑说他手脚不协调的话，在他心里留下了阴影。每逢要做决定的时候，自卑就会击退勇气；碰到困难的时候，自卑就会在身后大声地吓唬自己；前进的时候，自卑就会死死拉住自己的胳膊，说前面有陷阱。

而今，他放下了自卑的包袱，果断地选择了做了再说，反而成功了。这件事多少帮他树立起一些信心，至少让他明白了一个道理：有些事情，你可以输给别人，但绝不能输给自己。你尝试过了，即使失败了，那又有什么关系呢；如果拖着一直不去做，生命就会被彻底浪费。

收起消极的情绪吧

拿破仑曾经说过一句话：“人与人之间只有很小的差异，但是这种很小的差异却可以造成巨大的差异。很小的差异指的是积极的心态还是消极的心态，巨大的差异就是指成功和失败。”

消极与拖延是一对畸形的寄生体。这句听起来有点儿恶心的话，是胡小懒创造的。他曾经深受消极情绪所害，不想再让其他人重蹈自己的覆辙。几天前，他在“战拖小组”里发了这篇帖，没想到反响极大，跟帖的网友越来越多，纷纷表示有同感。

网友拖拖兔儿说：“我就是个情绪化的疯子，一点微不足道的小事，都能让我寝食难安。我总觉得，自己的心理承受能力太差了，有点风吹草动就没心思做事了。”

网友梅朵阿拉说：“遇到点儿困难，我的想象力就刹不住了，把最可怕的事情都想到了。越想越害怕，越想越不敢妄动。我酝酿已久的服装店，到现在也没开起来，我一直在拖着，希望等到合适的时候。可我心里也知道，不管什么时候，困难都会有……”

网友克丽丝说：“同样一件事，别人想的都是好的一面，我看到的永远是最坏的一面。所以，别人总能充满热情地做事，我却提不起劲儿来，拖拖拉拉。”

……

类似这样的跟帖还有很多，大家似乎都在借助这个平台，在陌生人面前袒露最真实的声音。胡小懒发现，生活中很多人失败都是因为心态的问题。就像梅朵阿拉说的那样，遇到点儿困难就只想挑容易倒退的路走，总告诉自己说："我不干了，算了吧。"结果就真的失败了。越是消极，失败的次数就越多；失败次数越多，积极性就越少。

在《卡耐基全集》中，胡小懒看过一个故事，深受启发，他还把这篇文章作为评论回复，发给了网友克丽丝。

塞尔玛跟随丈夫到沙漠的陆军基地驻扎，丈夫接到命令到沙漠里演习，塞尔玛只好一人留在陆军的小铁皮房子里。天气酷热，实在难挨。孤独的塞尔玛找不到可以说话的人，因为那里只有墨西哥人和印第安人，他们都不会讲英语。

塞尔玛很难过，写信给父母，说要丢掉一切回家去。父亲很快给她写了回信，信里只有两行字，可这两行字却深深地烙在了她的心里，彻底改变了她的生活。

"两个人从牢里的铁窗望出去，一个看到了泥土，一个看到了星星。"

塞尔玛读完这两行字，内心无比惭愧，她决定要在沙漠里寻找星星。

塞尔玛尝试着与当地人交朋友，他们的反应令她感到意外。她对他们的纺织、陶器有兴趣，他们就把最喜欢的、舍不得卖给客人的纺织品和陶器送给她。塞尔玛还去研究那些可爱的仙人掌和其他沙漠植物，了解有关土拨鼠的知识。在沙漠里，她欣赏日落，寻找海螺壳，这些海螺壳是几万年前这片沙漠还是海洋时留下的。曾经难以忍受的环境，如今给她带来了各种新奇的体验，让她慢慢地喜欢上了这里。

之后，塞尔玛写了一本书，名字叫作《快乐的城堡》。她从自己造的牢房里看出去，终于发现了闪亮的星星。

其实，沙漠还是沙漠，塞尔玛还是塞尔玛，印第安人还是印第安人。一切都没有变，唯一改变的只是塞尔玛的心态。一念之差，让她把曾经认为恶劣的环境变成了此生最有意义的冒险。她从消极的情绪中走了出来，开始了不一样的人生。

莎翁曾经说过："消极是两座花园之间的一堵墙壁。它分割着四季，扰乱着安息，把清晨变为黄昏，把白昼变为黑夜。"积极与消极的心态，不是客观环境造就的，而是自己的选择。你愿意沮丧消沉地活着，拖延着无数的梦想，还是愿意昂首挺胸、扬起胜利的风帆？如果你渴望后者，那就要牢牢树立起积极的心态。

心理学家曾经做过一个统计，每个人每天大约会产生五万个想法。如果你拥有积极的态度，你就能乐观地、富有创造力地把这五万个想法转换成正能量；如果你的态度是消极的，你就会显得悲观、软弱、缺乏安全感，并且把这五万个想法变成负面的阻力。

积极的态度虽不能保证让你心想事成，但它肯定能改变你的生活方式，坚持消极的态度只有一个结局，那就是失败。要让自己充满正面的能量，对抗生活中的种种难题，那就要努力培养积极的心态。下面是一些培养积极心态的方法，可以作为参考。

1. 心怀必胜的信念

卡耐基说过："一个对自己的内心有完全支配能力的人，对他自己有权获得的任何其他东西也会有支配的能力。"当你开始运用积极的心态，把自己想象成为一个不拖延、高效、出色地应对一切问题的人时，你就已经开始在朝着这个方向走了。

2. 立即行动不拖延

拖延是消极心态最明显的表现。尽管在疲倦、沮丧或者愤怒的时候，中断工作比勉强继续要好一些，可实际上，拒绝拖延并没有对合理的等待提出异议。要知道，真正优秀的人不会为拖延找任何借口。当你有了想法时，随时告诉自己，我要马上行动，并真的这样去做。这一点也是我们在书中反复强调的。

3. 用积极的言行感染他人

当你的心态和行动逐渐变得积极时，你会慢慢获得一种美满人生的感觉，目标感也会越来越强烈。很快，别人就会被你吸引，因为人都喜欢与充满正能量的朋友在一起。运用别人的积极响应来发展积极的关系，是非常奏效的办法，而且你也能够帮助别人获得正能量。

4. 常用自动提示语

只要能够激励你积极思考、鼓励你积极行动的语言，都可以作为自我提示语。当你经常运用这些词的时候，它们会成为你思想的一部分，潜意识也会映射到意识中来，让你用积极的心态来指导行动，控制情绪。比如，现在很多人都喜欢那句话："这都不叫事儿……"遇到难题想逃避、想拖延的时候，你就可以鼓励自己说："别怕，这都不叫事儿……"习惯了之后，每次遇到类似情形，你就会不自觉地产生这样的想法。

总而言之，不管你之前是什么样的人，或者现在是什么样的人，只要你保持积极的心态，凭借积极的思维，你就可能变成你想成为的人。

职业倦怠，一起击退它

月底发了工资，胡小懒约了张波和阿斗小聚，几瓶啤酒几个菜，三五好友一起待，这样的情景几乎每个月都要上演一两回。

平日里像猴子一样的张波，今天看起来有点蔫，一口气灌了一杯啤酒，嘟囔着说："下个月，哥们儿我想休个长假，出去散散心。"

"你失恋啦？是不是人家姑娘不嫁你了？"胡小懒调侃他说。

"唉，还不是上班这点破事。烦啊！以前吧，觉得福利好、工作稳定，就能一直干下去。可现在，我每天都知道第二天要做什么，太没劲了。有时候我就想，难道我这一辈子就这样了？我想休个长假，感受一下什么叫生活，也琢磨琢磨自己到底要什么样的生活。现在不是特流行义工旅行吗？我也想感受感受。"张波本来就不是那种事业心特重的人，他有这样的反应一点都不足为奇，这哥们儿就是想起一出是一出，就没想过自己做义工走了，他那未婚妻怎么办？

奇怪的是阿斗，他也凑热闹说自己想"出走"。胡小懒撇了撇嘴，说："你不是就爱钱吗？上次吵着说工资低，这次人家给你高薪了，你怎么舍得走？"

"哎呀，现在公司的环境太复杂了，要看老板的脸色，也不能得罪同事，每天上班战战兢兢的，太累了。我坐在办公室里，脑子里就一片混乱，回到家也一样，好像上了弦的发条，停不下来。再这么下去，估计你们就得去安定医院看我了。”阿斗的样子，看起来并不像是在胡说。

胡小懒想想，他们那种感受自己也有过。就在去年的时候，他无比厌恶自己的工作，不知道自己天天在干吗，一天又一天像机器似的奔波在家和公司之间。那段日子，工作效率很低，老板一给自己安排有点儿挑战性的活，心里就抵触得不行。后来，他发现自己是到了瓶颈期，产生了职业倦怠。就像张波和阿斗现在的状况，也完全是倦怠的症状。

所谓职业怠倦，是指上班族无法顺利应对工作重压时的一种消极抵抗情绪，或者是因为长期连续处于工作压力下而表现出的一种情感、态度和行为的衰竭状态。严重的怠倦情绪，会让人丧失前进的动力，对生活和工作感到厌烦，备受拖延的困扰。

诱发倦怠的原因很复杂，其中最重要的有以下几方面因素。

1.精神压力太大

大脑长期处于高度紧张的状态，无法得到正常的休息，因而使人感到疲惫，出现焦躁、抑郁、失眠等不良反应。很多销售工作者每个月都要完成一定量的任务，如果完不成，就拿不到提成。为了拿到报酬，很多人就得加班加点地干活，时间长了，势必就会出现职业倦怠。原本能够轻松完成的事，也提不起精神去做。胡小懒从事的工作也一样，每天绞尽脑汁地想方案、想创意，大脑持续工作，精神压力非常大，也很容易出现倦怠，诱发拖延。

对策：对于此类问题，最好的缓解办法就是从转变对工作的认识开始，不能把工作当成生活的全部。工作和生活要区分开，上班时不要拖拖拉拉，专注做事，不要想着下班后再加班。休息的时候，要彻底放松，不要占用生活时间来工作。这样的话，才能让生活和工作实现完美的平衡。

2.工作环境不佳

环境对人的生理和心理都有严重影响，长期在高温、高湿、嘈杂、强光或阴暗的环境里办公，就会让人的身体受到损害，出现头痛、脖颈痛、关节痛、视疲劳等问题。身体不舒适，心理定会受到影响，做事效率也会下降。想想看，身体遭受病痛煎熬，心里怎会不焦急难耐？静不下心来，又如何保证工作有序进行？如此恶性循环下去，势必会愈发厌恶工作。

对策：每种工作的性质不同，因而需要注意的事项也不一样。就办公室一族来说，总是久坐不动，腰椎、颈椎和视力是最容易出现问题的，所以要多注意这些方面的保护，适当地运动，合理地用眼。对于服务行业而言，可能需要长久站立，这时就要为自己选择舒适的鞋子，多注意对腿部的保护。身体是革命的本钱，有健康才能有充沛的精力工作和生活。

3.缺乏合适的平台

很多人在单位没有展示自我才能的平台，也体会不到工作带来的成就感，慢慢地就会导致工作情绪不高。还有很多人，本身非常有才华，公司也有合适的职位，但领导却不赏识，不懂得因材施用，这也会造成他们对工作感到排斥。

对策：首先要明确一点，你在工作中扮演的是什么角色？你是否尽力去做了你该做的事？公司规模的大小与晋升空间不是成绝对的正比的。不管在哪儿，唯有先做出业绩，别人才能发现你的亮点。如果你实在厌倦这份工作，那么不妨找到自己的兴趣所在，做自己喜欢的事，也能够减少对工作的倦怠感。

4. 人际关系不融洽

阿斗的例子，就是此类情况最好的证明。每天在公司里无法与同事愉快相处，还可能要面对钩心斗角的问题，这种人际关系上的压力会让人感到很疲惫，无法安心工作，慢慢地还会消磨掉人对工作的热情。

对策：身在职场，做好本职工作是第一位的，但也得重视人际关系。想想看，同事是否真的在某些方面为难你了？还是你从内心看不惯他人的做法？有时，换种角度去看问题，换种态度去做人，也许情况就会不一样。你排斥别人，别人也会排斥你；你对别人礼貌，别人也会对你微笑，气场这东西虽然看不见，但人人都能感觉得到。改善人际关系，先从自己做起。

让工作氛围积极起来

胡小懒早就发现，拖延是个传染病，蔓延的速度非常快。很多时候，自己明明坚定信念要一气呵成完成任务，可看到周围的同事叽叽喳喳地聊天，就忍不住凑过去说两句，等再回过神儿来，感觉就不太对了，还得重新酝酿工作情绪。

更严重的是，当你周围有个消极怠工的家伙成天在你面前晃荡，对你说着“工作没劲”“人生无聊”时，你更是觉得闹心。有定力的人还可以视而不见、充耳不闻；最怕的是自己也正迷茫着，看着别人那么懒散，那么消极，自己的情绪就会跟着暴跌到谷底，不知不觉就变得消极了。

可惜，工作环境就在那里摆着，同事就在那个岗位待着，你无法逃避，这是不争的事实。但这不代表你可以随波逐流，越是这样的时候，你越需要努力适应环境，在消极因素的干扰下，营造出属于你自己的积极氛围。具体该怎么做呢？胡小懒给自己列了这样几条规定。

1. 八卦话题一概不参与

过去，胡小懒在八卦的问题上吃了太多的苦，八卦杂志、娱乐新闻、黑色幽默，占据了一部分工作时间；与同事闲扯、开玩笑又占据了一部分时间，最后剩下的那点儿时间，根本不够用。可现在，他彻底与八卦绝缘了。因为以前每次跟同事讨论完那些八卦新闻，他都有些懊悔，因为耽误了不少时间，自己也变得越来越空虚。更糟糕的是，自己原本是好心，想跟同事搞好关系，但有时却被当成了不好好工作、偷懒耍贫的不靠谱青年。如果一不小心，八卦到了某位同事的私生活，麻烦就更大了。与其耽误时间给自己找麻烦，不如安心工作。谁愿意八卦，那就随他去吧！

2. 与积极的人站在同一列

有句话说，想知道一个人什么样，看看他周围的朋友就知道了。胡小懒曾经不以为然，现在却深信不疑。他发现跟那些整天悲观消极的人聊天，自己也被弄得很烦。不听他们唠叨诉苦，又显得太不近人情；但听了那些话，看着他们颓废的样子，又实在难受，要花半天的时间才能把自己从那种情绪中拉出来。于是，他索性远离那些拖延的人，每天跟那些向日葵般的朋友打交道，看他们奋斗的样子，听他们的豪言壮语，顿时觉得生活很美好，工作有前途，做事有奔头。

3. 多参加一些培训活动

公司经常会邀请一些知名的顾问来给员工做培训，胡小懒几乎每次都参加。以前，他总觉得培训没什么用，教不了自己什么专业性的东西。后来，他慢慢发现，其实培训的内容很丰富，而很多人缺乏的也不仅仅是专业知识，更多的人缺乏的是良好的心态。除了公司组织的培训，他还会在豆瓣上找一些免费的讲座参加。一年下来，他参加过五六次讲座，收获颇多，还结交了很多上进的朋友和一些公司的高层，扩大了他的人脉。

4. 正视给同事“帮忙”的问题

个别喜欢拖沓的同事，每次做不完事就会请求胡小懒帮忙。起初，他对这样的请求来者不拒，总想着落个人情。后来他发现，帮忙也得分情况，自己的事情如果做完了，那么帮帮忙自然可以。否则，就耽误了自己的事情。所以有一段时间，对这类请求他干脆就全推了，称自己没时间。

现在，他对这样的事有一个非常好的心态，如果我有空，我会帮你；如果我帮你，也不是为了落人情，而是我想从中学到更多的东西。这种心态上的转变，让胡小懒变得平和了许多，至少他不会因为同事的拖沓而影响自己的情绪，就算帮忙，也是在为自己补充正面的能量。

5. 理智地对待工作机会

现在很流行一个词——淡定，胡小懒还买了一本关于淡定的超级畅销书——木木写的《淡定的人生不寂寞》。胡小懒知道，自己从前之所以一事无成，就跟不淡定有关。本来有自己的工作目标，可看到周围的人做了其他行业赚了钱、升了职，自己就动摇了，甚至还想过转行。手里的工作没干完，就跑到招聘网上浏览信息去了。但看了半天，又觉得自己没有经验，转行也并不容易，还得继续做现在的事。就这样，白白浪费了好几个小时。

对待工作这件事，不能因为出现一个看似不错的机会就放弃自己的选择，也不能因为看到更高的薪水就马上想到辞职。在做抉择之前，要仔细想想那些机会是否适合自己，自己是不是真的喜欢。如果感觉各方面都非常合适，那自然要抓住；如果只是一时兴起，最好不要耽误时间，影响正常的工作情绪。

带着这样的原则来做事，虽然胡小懒身边依旧存在拖拉消极的人，依旧有不停的抱怨声，可他的心却比从前静多了。这种境界，也算是他抗击拖延的阶段性收获吧！

抛开抱怨，不给拖延留机会

抱怨的情绪每个人都有过。偶尔遇到不顺心的事，难免会有点怨言，嘟囔两句发泄一下也是正常的。但如果陷入非理性的抱怨里，那无异于作茧自缚。

不理性的抱怨，会让拖延症越来越严重。原因很简单，抱怨的时候，心里一肚子怨气，对工作、对他人都可能产生一种对抗心理，还可能会故意用消极怠慢的方式来宣泄自己的不满。更有甚者，有事没事都抱怨，基本上就拿抱怨当聊天的话题，不管什么人什么事，都能让他揪出抱怨的理由来，好像全世界都在跟他对着干。

可惜，抱怨真的是这个世界上最没有价值的语言。人总是希望通过抱怨得到自己想要的东西，比如同情、理解、尊重、升职、加薪等，但这真的是天方夜谭。不管从哪个方面说，抱怨都会让人得不偿失。因为你把所有的精力都用来怨天怨地怨别人了，从来都没有正确认识过自己和自己的处境，都没有想办法去解决问题。到最后，你就成了抱怨的最大受害者。

所以，现在每每听到别人抱怨，胡小懒便会大发感慨："唉，我从前也跟你一样，可抱怨了半天，什么也解决不了，白耽误工夫。"

没错，过去的胡小懒也是个抱怨狂。因为内心自卑，所以更不愿意承认失败、承担后果。就拿工作来说，看着周围的朋友升职，他心里羡慕，但又不愿意承认自己不如人，只好说："公司里钩心斗角的人太多，我没有那上位的本事。"这么一说，似乎是有人顶替了他该坐上的位置。事实上，从来就没有这样的人在他身边出现过。

老板交代了一项棘手的任务，胡小懒心里没底，不知道能不能做好，压力山大。他怕自己搞砸了，于是，他就通过抱怨的方式来逃避压力，削弱内心对失败的恐惧。他会对周围的人念叨："我手里的事这么多，还让我明天就把这案子做完，真以为我是神仙啊！"这种抱怨，让他内心变得很懦弱、消极，让他很想找借口说自己没时间做。

当时，他只是想用抱怨来发泄，掩盖真实的内心。但是，他从来没去想抱怨会给自己带来什么负面影响。他还傻傻地以为，自己的不顺心、不如意、不加薪都是别人造成的，让心态越来越失衡，拖延症越来越严重。

幸好，那样的日子没有继续下去。他及时发现了拖延症苗头，在战拖的过程中又揪出了从前忽略掉的各种恶习。能发现问题，就是一件莫大的幸事，因为发现了问题就还有机会去修正。他买了一本《不抱怨的世界》，静心看过后，戴上了赠送的紫手链，开始了自己的不抱怨之旅。为了克服抱怨，胡小懒做了很多努力。

1. 培养对工作的感恩之心

以前，胡小懒每个清晨都会烦躁地想："为什么要早早起床？一路上那么拥挤，今天还有那么多烦心的工作……"如今，他换了一种心态来看这些事，他觉得能早起上班，比找不到工作的时候强多了；

拥挤的人群中，每个人都在为生活奋斗，这就是存在的价值；今天又来了新任务，这是新挑战。只要对生活、对工作充满感恩，你的心情就会变得明朗起来。

2. 给不良情绪找个出口

工作中遇到问题想要抱怨的时候，胡小懒就在心里数数，平复心绪。如果不是在上班时间，他就会到健身房去运动，用大汗淋漓的方式发泄心中的不满。偶尔，他也会到公园里逛逛，或者约朋友开车出去郊游，远离那些容易引起激动的环境。

3. 用平和的心态看待是非

胡小懒领悟到，很多事情并不一定要论高低、拼输赢。生活需要的是一种平和的心态。对工作中的问题，他现在不会过多地计较，也不较劲，是自己的责任就承担。抱着这样的心态，周围的同事也更喜欢和他相处了，觉得他是个讲理的人。

4. 不去抱怨任何同事

每个走在奋斗路上的人都不容易，这是胡小懒常说的话。身在职场，谁的压力都不小。如果自己做错了事，总有人在身边批评抱怨，自己也会觉得反感，甚至会在心中记恨对方。将心比心，就算同事做错了事，给自己带来了一些麻烦，胡小懒也会站在对方的角度为他着想，不会随便说出指责和抱怨的话来。他知道，那些话一出口就收不回来了，很可能让两个人的情绪都变得更消极，关系也会闹僵。

5.把生气变成争气

叫苦和抱怨，根本解决不了问题，也没法得到他人的同情，只会让人感到厌烦，甚至更加看不起自己。这是胡小懒在大彻大悟之后明白的真相。他知道，想要成为人上人，就得苦干。没有这个精神，即便有再好的规划和设想，也只是纸上谈兵。说再多好听的话，也不如认真做一点实事。

在一天天远离了抱怨之后，胡小懒的心态越来越平和，做事的效率也越来越高。因为，没有抱怨的世界，就没有那么多烦恼；没有那么多坏情绪，也不会白白浪费时间。

怎样让工作变得有趣

刚刚踏上工作岗位的时候，胡小懒也跟多数人一样，满怀激情，以为找到了合适的土壤种植心中的梦想，成功的果实很快就会出现。但在职场打拼了一两年后，最初的那份激情就被磨没了，因为工作中令人讨厌的事儿实在太多了。

- 大脑一刻不停地运转，没想出来方案之前，就没法好好休息。
- 挑剔的客户实在不可理喻，根本不管你花了多少心血，嘴皮子一动就否定了一切。
- 朝九晚五的日子，像是模板一样，每天的生活都是不断地重复、再重复。
- 拼命地干活，却追不上房价上涨的速度，偶尔会觉得自己的工作很没“钱途”。

……

自信满满的胡小懒不见了，取而代之的是一个消沉、爱抱怨、爱拖拉的人。工作变成了鸡肋，食之无味，弃之可惜。曾几何时，他还咧着嘴嘲笑别人没上进心，可一不留神他也加入了混日子的大军。好多次，胡小懒都产生了要摆脱工作的念头，还想过重新回学校读书。其实，这不过是拖延和逃避的借口。

当然，胡小懒还算不错，与那些频繁跳槽，最后离职在家空等着适合自己工作的人相比，他还是熬过了那个阶段，在这家公司一直做了下来。因为老妈告诉他："如果你在工作里找不到乐趣的话，那你在别的地方也找不到。"

起初，他还不明白老妈的话，后来他琢磨透了——人这辈子，大部分时间都花在工作上了，工作不快乐，没出息，那这辈子也就定型了。他再转念一想，这世界上有多少人从事的是自己真正喜欢的工作？有多少人的工作是每天悠闲地看报、喝茶？工作，本来就是解决问题的事，一个问题结束了另一个又来了，不管是工作本身的琐事，还是人与人之间的沟通，谁都逃脱不了。

接受了这个真相，胡小懒心里觉得稍微好过了一些。可还是有个疑问一直留在他的心里，为什么有些人每天都像打了鸡血一样亢奋，有些人却跟自己一样萎靡不振？

这个问题，其实不难回答。1800年前，马可·奥勒留就告诉了我们答案。他在自己的著作《沉思录》中写道："我们的生活，就是由我们的思想创造的。"这句话用在工作中非常合适。如果一个人能主动发现工作的乐趣，经常给自己打气，那他就能把工作带来的疲劳和焦躁降到最低，有效地对抗消沉和拖延，让工作给自己创造成长和进步的空间。

H.V.卡腾堡是著名的无线电新闻分析家，22岁时，他在一艘横渡大西洋运牲畜的船上工作，负责给船上运载的牲口喂水和饲料。之后，他骑着自行车周游了整个英国，紧接着又去了法国。到达巴黎的时候，他已经身无分文，于是他在巴黎版的《纽约先驱报》上刊登了一则求职业广告，并找到了一份推销立体观测镜的差事。H.V.卡腾堡并不会说法语，可谁也没想到，他挨家挨户地上门推销一年之后，竟然赚到了5000美元，成了当时法国收入最高的推销员。

很多人都疑惑H.V.卡腾堡是怎么赚到这些钱的？

开始的时候，他让老板用纯正的法语把他想说的话写下来，然后再背熟，接着就去上门推销。每次别人打开门后，他就开始用那些带着美国口音的法语推销，听起来非常有趣。其间，H.V.卡腾堡还不忘递上实物照片。当对方提出一些质疑的时候，他就耸耸肩说："美国人……美国人……"同时摘下帽子，把藏在里面的讲稿拿给对方。这样一来，对方就会大笑，而他也会跟着笑，然后再给对方看更多的照片。

H.V.卡腾堡在讲述这段经历的时候说，做推销真的很辛苦。可他又说，自己之所以能够坚持做下去，是因为他总在想办法把这个工作变得有趣。

每天早上出门之前，他会对着镜子里的自己说："卡腾堡，如果你要生活就必须得去推销。既然一定要做，那就开心一点吧！你可以假装自己是个演员，你现在做的事就和演戏一样，干吗不高兴点儿呢？"卡腾堡每天都给自己这样打气，就这样把一个他从前又恨又怕又不想做的工作，成功地变成了他喜欢做的事，最后还让他赚了很多钱。

对于那些急于成功的年轻人，卡腾堡曾经给予了一句忠告："我们常常觉得需要做一些运动，让自己从半睡半醒状态里彻底醒过来。但我们更需要一些思想上的运动，使我们每天早上能够真正地活动起来，每天早上给自己打打气吧。"

把自己当成演员，把工作当成“演戏”，“假装”自己很喜欢工作，然后不知不觉地找到了工作的乐趣，提高了工作效率。实际上，这就是积极的心理暗示，用想法改变了现实。每个职场人都应当学学这个办法，从“假装”对工作有兴趣开始，慢慢地发现工作的有趣之处，减少自己的抱怨和烦闷，改善消极带来的拖延。当一个人爱上了他的工作，他就离成功不远了。

慢慢走，才会走得更远

胡小懒刚开始执行“战拖计划”时，心里很兴奋，每天工作起来都挺有激情，时间安排得满满的，一点儿都没浪费。最初的一周，他获得了巨大的成就感，觉得自己俨然就是一个励志小青年的模样。可这样的状态并没有持续多久，到了第二周的中期，他就感觉到了心理疲劳，做事的速度明显慢了下来。但他并不是故意拖延，而是心有余而力不足，大脑转速减慢，思维呆滞，昏头涨脑。

碰巧，那段日子正赶上了家庭聚会，海归的表哥也出席了。他现在在一家金融公司做产品经理，绝对是金领人士。与胡小懒谈起工作时，他说了这么一句话：“慢慢走，你会走得更远。”

这样的感慨是海归表哥的经验总结。刚晋升为产品经理那一年，他的工作压力突然大了很多，任何事都不敢懈怠，生怕会出差错，加班加点成了家常便饭。最开始，他还觉得忙一点日子很充实，可半年之后，紧张、沉重、不安和焦虑就成了他的障碍。

某个周五，他六点钟起床，六点半离开家去单位（因为住在郊区，路程较远，而他必须在八点之前到公司，所以不管春夏秋冬都是这个作息时间）。九点钟，他跟老总一块去谈判，中午十二点陪客户吃饭商谈工作，下午两点又回公司布置周末促销活动，晚上向老总汇报下个月的工作计划，晚上十一点以后才回家休息。他的生活，就像是上足了劲的发条一样，被各种事情塞得满满的，即使全力以赴也未必能处理完。好几次，他真的想把事情推到一边，什么也不做了。

那天晚上，海归表哥走出公司大门时，外面的行人很少。等了好久也没等到一辆出租车。他在路上慢慢走着，呼吸着雨后的新鲜空气，顿时觉得心里有种久违的平静。他想起自己大学毕业前的最后一晚，也是一个雨夜，宿舍的几个哥们儿在外面感受淅淅沥沥的小雨，暗喻着他们即将接受人生风雨的洗礼。那一晚，他们被血脉中贲张的青春激动着，心中对未来充满了向往和期待。

从那以后，他再也没有好好享受过雨夜，甚至都没空抬头看看天。工作之后，他一直努力地向前奔跑着，不敢停下脚步看看路旁的风景，也没有回过头审视走过的路，目标似乎总在前方，工作总是太忙，他奔跑的速度也越来越快……

海归表哥想起大学时看过的一位日本餐饮巨头总结的成功之道。在其连锁店中提供给顾客的，永远是17cm厚的汉堡，4℃的可乐。相关研究人员发现，这是令客人感觉最佳的口感。其实，他可以选择把汉堡做成20cm，也可以把可乐加热到10℃，但那并不是它们的最佳口感。

他联想到了自己。对于生活和工作，其实也只要17cm和4℃就够了。想起明天的工作，想到未来，他渐渐变得不再那么紧张了，他决定放慢脚步，不再去追求过快的速度和过高的温度，扔掉那些不切实际的想法，聆听内心的声音。他相信，慢慢走，会走得更远。

确实，有人以为高效率、不拖延就等于凡事都要快马加鞭。事实上，这是在走极端。就像胡小懒原本做事是拖拖拉拉的，意识到问题后转而拼命马不停蹄地奔波，以为快一点儿就能让自己变得卓越，让生活变得不同，却忘了人不是机器，也需要喘气，需要休息。

真正的高效率应该是从一而终、缓急相间，保持一种平衡。当身体和心灵已经累得无法喘息时，就必须要给自己按下“慢放键”。适当地放慢工作的节奏，不一定会助长懒惰，也不一定会影响事业，它是一种随性、细致、从容应对世界的方式，会让人明白心灵真正的需要，让灵魂追得上充满干劲时的步调。

至于如何能让自己在疲惫的时候慢下来，海归表哥给了胡小懒三条建议。

1. 慢体验

时间和生命的把握在于自己，你可以把时间当成一种投资，来一次思维体验。假设把明天空出来留给自己，你不妨想一想早上起来是什么情景；中午做些什么，自己想去哪儿；下午要怎样度过？这里，没有所谓的目标和目的，你可以做你想做的任何事。进行一次这样的体验，也许只要几分钟就好，但它可以让你的思绪慢下来，静下来。

2. 慢时刻

尝试拿出1小时放慢自己的生活步伐。比如，每天午餐之后的那1小时，别再把时间用在删除电脑上的工作列表，看工作完成了多少，让自己焦虑、紧张不已。让自己慢下来，听听内心深处的声音，跟自己来一次约会，好好计划一下，可以看一些轻松的文章，听一会儿音乐，或者扪心自问我有能力慢下来吗?

3.慢心境

1907年诺贝尔文学奖得主鲁德亚德·吉卜林在送给即将前去参军的儿子的诗歌《如果》里写道:“如果在众人六神无主时，你能镇定自若而不人云亦云，这并不是件容易做到的事情，但慢下来并不意味着你在偷懒。”当压力剧增时，试着让自己的心保持平稳和从容，不要盲目地加速再加速，要知道，欲速则不达，从容不迫会让问题更好地得到解决。同时，这也是磨炼心性的一种方式。

【解读】 如何培养对工作的热情？

阿尔伯特·巴德曾说："没有一件伟大的事情不是由热情促成的。"

拉斯维加斯有一间可以容纳两个足球场的娱乐赌场。在这个巨型建筑中，有好几百种设施可以用来玩赌博游戏，但却没有时钟。原因很简单，赌博的人很享受这个过程，他们会把所有的心思都专注在赌博上，根本不记得时间。赌场的老板当然也不傻，不想用时钟来提醒赌徒们。如此一来，很多人一上了赌桌就要好几个小时之后才下来，甚至还有不少人会赌到一文不剩，或是赌到困得睡在桌子上为止。

如果把这份热情和专注全部投入到工作中，想一想结果会怎样？就算不能取得巨大的成功，但肯定也不会做事拖拖拉拉、一事无成。美国一家著名橡胶公司的董事会主席威尔罗格斯曾经指出："为了获得成功，你必须知道你正在做的事，喜欢你正在做的事，并相信你正在做的事。"要克服拖延，让自己时刻保持积极向上的能量，就必须要培养自己对工作的热情。

下面有一些提升工作热情的步骤和方法，或许可以帮到你。

1.知道自己为什么而工作

明确工作的目的是一件很重要的事。如果你只是为了拿薪水，那你会很痛苦。当你发现工作是为了实现理想，为了展现个人的价值，为了得到他人和社会的认可，为了一辈子不白活时，你就能够感受到工作的快乐。

要做到后者，就必须分阶段地给自己确定目标，这就像登山。爬坡的时候总是充满激情，渴望着一览众小山的时刻，可真到了山顶，又会觉得迷茫。所以，要不断地给自己树立新目标，这样工作起来才会有方向、有动力，不会消极、怠慢和拖延。

2. 了解工作热情的实质

工作热情是什么？它是一种积极向上的态度，一种专注的精神，一种让人有信心排除万难的力量。热情洋溢于表，闪亮于言，展现于行，可以感染周围的人，让他们更加热爱生活，积极进取。热情看不见，摸不着，但它却能感受得到，能在生活的各个领域发现它的存在。

3. 正确理解工作热情

工作热情不能取代工作能力，但它是展示和提升工作能力的基础。如果没有工作热情，就算本身再有才华，也无法完全展示出来，还可能会因为抵触的情绪、消极的行为而让才华慢慢退化。有了工作热情，或许你最初的工作能力并不强，但它促使你不停地学习、进步，能力自然也能很快得到提升。工作热情不是瞬间爆发出来的，它是源自内心对工作的热爱，对知识的无限渴望和对生活的美好憧憬。

4. 找回工作的热情

真正认识和理解了工作热情，知道了工作的意义，就能在很大程度上改变对工作的看法，改善拖延等消极行为。除了这些之外，平时还要想办法让工作变得有新鲜感。比如，你经营一家咖啡厅，每天在店里都重复着招呼客人、煮咖啡的行为，感觉很是乏味。其实，你完全可以换一种方式来做这些事，根据天气的变化，换不同的背景音乐；根据季节来更换内饰，给人焕然一新的感受。这些，都可以重燃你对工作的热情。

记住，生活是你的，它由你掌控。只要你热爱生命，热爱生活，你就可以让每一天都过得与众不同。这些非凡的日子叠加起来，就是你非凡的一生。